KB133284

나이 들어도 내겐 영원히 아깽이

나이 들어도 내겐 영원히 아깽이

이키 다즈코 지음

박제이 옮김

청미

머리말

최근 반려동물도 고령화 시대에 접어들면서 집 안에서 키우는 고양이의 평균 수명은 16세에 가까워졌다. 고양이를 실내에서 키우는 반려인이 늘면서 사고나 감염병에 의한 사망률이 낮아진 점, 식생활과 주거환경의 개선, 동물 의료의 발전 등을 그 이유로 들 수 있다. 즉, 반려인이 고양이에게 쏟는 애정이 커졌고, 고양이도 가족의 일원이라는 인식이 높아진 점이 고양이의 장수로 이어졌다 하겠다.

하지만 언제고 천진난만하게 장난치며 놀던 아기 고양이 시절은 금세 지나간다. 고양이는 성묘가 되면 사람보다 약 네 배 빨리 나이를 먹기에 눈 깜작할 새에 사람 나이를 앞지른다.

아기 때 귀여운 건 당연하지만, 시니어 고양이가 되어서 한 박자 늦게 반응하거나 자기가 좋아하는 장소에 붙박이처럼 머물며 꾸벅꾸벅 조는, 약간은 작아진 모습을 보면 아기 고양이 때와는 사뭇 다른 사랑스러움이 느껴진다. 나이 먹은 고양이가 평화롭게 지내는 모습을 보면 절로 마음이 평온해진다. 오랜 시간 함께 살면서 가족으로서 정이 쌓였기 때문이리라.

하지만 고양이의 노후가 그저 아름답기만 한 것은 아니다. 고양이도 사람과 마찬가지로 나이를 먹으면 평생 안고 가야 하는 질병에 걸리곤 한다. 음식에 눈길조차 주지 않아서 반려인의 속을 끓이기도 한다. 인지 기능 장애로 화장실이 아닌 곳에 실례를 하거나 아무 이유 없이 크게 울기도 한다. 그때부터는 이전보다 더 많은 시간을 고양이를 보살피는 데 써야 한다. 정신적·경제적인 부담도 커진다. 그리고, 고양이를 떠나보내야 하는 날도 언젠가는 반드시 온다.

'사랑하는 내 고양이가 언제까지고 건강하게 오래 살았으면' 하는 것은 반려인이라면 누구나 품는 바람이리라. 그 바람을 이루려면 어떻게 해야 할까?

무엇보다 반려인 스스로 "평소 고양이 건강 관리에 신경 써서 내 고양이는 내가 지킨다."는 의식을 지니는 것이 가장 중요하다. 고양이는 몸이 안 좋아도 끔짝 않고 참는 습성이 있다. 음식이나 환경, 시니어 고양이가 많이 걸리는 병에 관해 정확한 지식을 익히고, 집에서도 적극적으로 건강 상태를 체크하는 것이 질병의 예방과 조기 발견에 큰 도움이 된다. 고양이의 몸과 행동의 미묘한 변화를 한시라도 빨리 알아차리는 사람은 평소에 고양이와 소통하는 반려인뿐이다.

평소 건강한 젊은 고양이가 갑자기 별 움직임이 없거나 가만히 있으면 눈치채기 쉽겠지만 활동이 줄고 자는 시간이 긴 시니어 고양이의 변화는 자칫 놓치기 쉽다. 고양이가 나이를 먹으면 날마다 더욱 꼼꼼하게 관찰하고 건강을 관리해야 한다.

이 책은 "그래도 구체적으로 어떻게 하면 좋을지 모르겠다.", "나이 먹은 고양이가 병에 걸리는 것이 불안하다.", "정보가 너무 많으니 뭐가 맞

는지 모르겠다."는 고양이 반려인에게 해주고 싶은 말을 모은 책이다.

현재 일본에서 반려묘의 거의 절반을 차지하는 7세 이상의 고양이에게 초점을 맞추어 고양이 신체의 기본 정보, 노화에 의한 몸과 마음의 변화, 집에서 손쉽게 할 수 있는 건강 체크 방법, 동물병원과 교류하는 법, 시니어 고양이가 걸리기 쉬운 병, 그 증상, 진단, 치료법에 관해 가능한 한 구체적으로 설명했다. 그리고 시니어 고양이에게 적합한 식이와 환경, 보디 케어 방법과 돌보는 방법, 나아가 언젠가 올 헤어짐에 대비해서 알아두었으면 하는 내용도 다루었다.

이 책을 읽고 현재 시니어 고양이와 함께하는 분들이 조금이라도 불안을 덜게 된다면 더없는 기쁨이리라. 내 고양이가 지금 무엇을 가장 바라는지 살피고, 젊을 때와는 사뭇 다른 매력을 발산하는 시니어 고양이와 보내는 하루하루를 소중히 여기기를 진심으로 바란다.

마지막으로 이 책의 출간에 힘써주신 과학서 편집부의 이시이 겐이치 씨, 귀여운 일러스트를 그려주신 마나카 지히로 씨에게 진심으로 감사의 마음을 전한다.

2017년 11월

이키 다즈코

차례

제 1 장

고양이의 노화란?

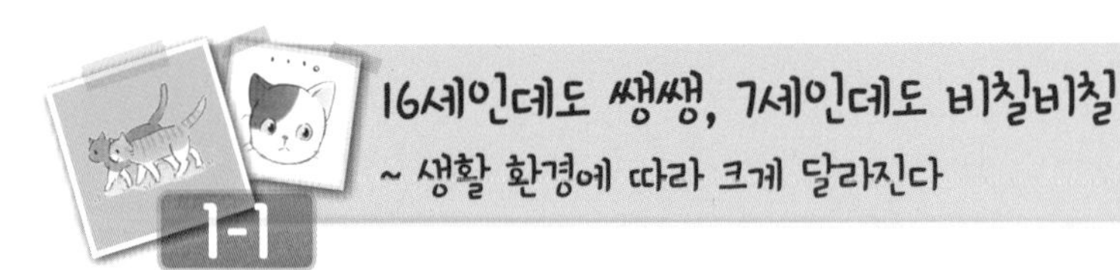

1-1 16세인데도 쌩쌩, 7세인데도 비칠비칠
~ 생활 환경에 따라 크게 달라진다

노화는 고양이뿐 아니라 우리 사람을 포함한 모든 생명체가 절대로 피할 수 없는 현상이다.

생물학적으로 노화란 '**시간의 경과와 함께 일어나는 개체의 기능과 형태의 쇠퇴 과정**'이라고 정의되어 있다. 몸은 수많은 세포로 이루어져 있는데 세포는 노화하면 분열·증식을 멈춘다. 또한 세포는 다양한 자극(활성 산소, 화학 물질, 암 유전자의 활성화 등)에 의해 손상을 받으며, 손상을 회복하는 능력도 점차 떨어진다.

세포 수가 감소하므로 세포에 의해 만들어진 몸의 장기(기관)가 위축되어 생리적 기능이 떨어진다. 구체적으로는 외부 세계의 정보를 감지하기 위한 **감각 기능(오감=시각, 청각, 후각, 미각, 촉각)**이 둔화하여 반응이 느려지고 뼈, 근육, 관절이 쇠약해져서 운동 능력도 떨어진다. 또한 환경의 변화나 스트레스에 대한 적응 능력도 쇠퇴한다. 그리고 면역 기능이 떨어져 병에 걸리기 쉽고 병이 걸리거나 상처를 입으면 낫는 데 시간이 오래 걸린다. 항상성(恒常性), 즉 신체가 외부 환경의 영향을 받아도 체내 환경을 안정적인 상태로 유지하려는 힘이 약해져서 종국에는 생명을 유지하기가 어려워진다.

다만 **노화 진행이 유전 원인이나 생활 환경, 심신의 스트레스와 같은 환경 요인의 영향을 크게 받기** 때문에 개체차는 크다. 16세라도 움직임이 기민하고 모질도 좋고 '쌩쌩한' 고양이가 있는가 하면, 7세인데도 치아가 많이 빠지고 털과 피부 상태도 나쁘며 비칠비칠한 고양이가 있는 것도 사실이다.

안타깝게도 노화를 막을 수는 없다. 그러나 **노화의 진행을 가능한 한**

늦춰서 사랑하는 고양이가 행복한 노년기를 보내게 하려면 어떻게 하면 좋을지 고민할 수는 있지 않을까?

고양이도 늙는다

감각 기능이 떨어지고 반응이 둔해지며
운동 능력·적응 능력·면역 기능도 떨어진다.

★ 고양이의 나이는 겉모습만으로 판단하기 어렵다.

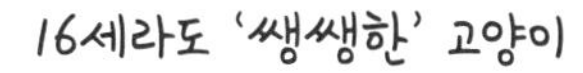

7세인데도 '노묘'

고양이 라이프 스테이지의 특징
~ 7세부터 중년, 11세부터 시니어, 15세부터 노년

고양이의 노화는 **몇 살 정도부터 시작**될까?

"몇 살 정도가 시니어 고양이다."라고 명확히 정의할 수는 없지만, 기준으로 삼을 만한 고양이 라이프 스테이지(Life Stage : 생애 단계)가 있다. 문헌에 따라 다소 차이는 있지만, 생후 6개월 무렵에 새끼 시절이 끝나고, 2세 정도까지 대부분 성장기를 마치며, 그 후 6세 정도까지가 사람으로 치자면 성년기에 해당하는 성묘기다.

'7세부터 시니어기'라고도 하지만 집고양이의 평균 수명이 16살에 가까운 현재, 인생(묘생)의 절반 이상을 시니어기라고 부르는 것은 조금 딱하다. 보통 생물의 생존 기간이 4분의 1 남은 시점부터 시니어기라고 하므로 사람의 평균 수명이 대략 80세라면 60세 전후, **집고양이라면 11~12세에 해당**한다.

전미 고양이 수의사 협회(AAFP)에서 발표한 라이프 스테이지에서는 7세부터 중년기, 시니어기, 노년기로 분류한다.

중년기 : 7~10세(사람의 44~59세에 해당)

사람으로 치자면 **인생의 중반**이라고도 할 수 있는 이 시기, 겉모습이

[표] 사람의 나이로 환산한 고양이의 나이

고양이	~2	3	4	5	6	7	8	9	10
	성장기	성묘기				중년기			
사람	~24	28	32	36	40	44	48	52	56

※ 전미 고양이 수의사 협회(AAFP)에서 발표한 라이프 스테이지 참고.
※ 2세 이후의 집고양이의 연령 환산식은 24+(고양이 나이−2)×4.

나 행동은 그다지 변함이 없지만, 노화는 숨을 죽인 채 확실히 다가오고 있다. 서서히 몸의 노화가 시작되고 사람과 마찬가지로 증상은 없지만, **몸 곳곳에서 젊은 시절에는 없었던 불편함이 나타나는 시기**다. 또한 혈액 검사나 소변 검사 결과에서 신경 쓰이는 수치가 나오기 시작하는 시기이기도 하다.

시니어기 : 11～14세(사람의 60～75세에 해당)

시니어기에 해당하는 이 시기에는 겉모습이나 행동에서도 '나이 먹었네.' 하고 생각될 만한 변화가 눈에 띈다. 이들 변화는 시니어 고양이가 많이 걸리는 병의 증상인 경우도 적지 않다. 지금까지보다 더 **반려인의 세심한 관찰과 보살핌, 건강 체크가 중요**하다.

노년기 : 15세 이상(사람의 76세 이상에 해당)

노년기에 해당하는 이 시기가 되면 몸과 마음 모두 더욱 현저히 노화의 신호를 보낸다. 반려묘의 50% 이상이 어떤 형태로든 인지 기능 장애(인지증) 증상(3-10 참조)을 보인다는 보고도 있다. 또한 병에 걸리는 일이 더욱 잦아져서 **세 마리 중 한 마리는 만성 신장병**을 앓는다는 보고도 있다. 지금까지 자립적으로 살아온 고양이도 사람에 의존하게 되는 시기, 즉 **사람이 집중적으로 보살펴주어야 하는 시기**다.

단위 : 세

11	12	13	14	15	16	17	18	19	20	21
시니어기				노년기						
60	64	68	72	76	80	84	88	92	96	100

1-3 노화의 징후는 겉모습으로 판단할 수 있다
~ 눈, 치아, 발톱, 털 · 피부, 체형

사람이 나이를 먹으면 우선 피부(주름이나 처짐)나 머리칼(머리숱이 적어지거나 흰머리가 남), 앞으로 굽은 자세 등 외모의 변화가 나타난다. 사람과 비교할 때 고양이는 나이를 먹어도 겉모습이 별로 안 변하는 듯 보이지만, 고양이도 **눈, 치아, 발톱, 털·피부, 체형 등 겉모습부터 노화가 나타난다.** 이들 신체 부위의 변화를 종합적으로 살펴보면 대충이기는 하지만 나이를 파악할 수 있다. 가령 나이를 알 수 없는 성묘의 나이를 추측할 때 참고로 삼을 수 있다.

눈 : 시니어기에 들어갈 무렵부터 **홍채**나 **수정체**에 변화가 생기는 경우가 많아진다. 홍채는 고양이 눈에서 색이 들어간 부분으로, 홍채 근육이 수축해서 눈 중앙에 있는 동공의 크기를 바꿈으로써 망막으로 들어오는 빛의 양을 조절한다. 나이를 먹으면서 홍채 조직이 위축하여 얇아지거나 구멍이 생기기도 한다. 따라서 홍채 안쪽 망막 등의 색이 비치면서 부분적으로 얼룩*이 생기거나 구멍이 난 것처럼 보일 수도 있다. 이를 **노령성 홍채 위축**이라 한다. 홍채근이 위축하면 동공의 변연부가 불규칙(일그러짐)해지거나 동공이 커다랗게 열린 채 닫히지 않는 경우도 있다. 시력에는 영향이 없고 치료법도 없지만 밝은 곳에 가면 고양이가 눈부셔할 수도 있다.

또한 나이가 들면 눈의 수정체 섬유가 중심부로 눌리면서 경화되어

* 〈저자 주〉 홍채에 생기는 거무스름하고 작은 얼룩처럼 보이는 색소 침착(대부분 한쪽 눈만)은 멜라노마(melanoma)라는 악성 종양(암)의 초기 증상일 가능성이 있고 동공이 열린 채로 닫히지 않는 증상은 시각 장애를 동반하는 망막 박리(3-9 참조) 등 다른 병일 가능성도 있으므로 주의가 필요하다.

동공(수정체) 중심이 푸르스름하게 보이는 경우도 있다. 이것은 **노화성 수정체 핵경화증**이라고 하며 수정체의 노화에 의한 것이다. 대개 양쪽 눈이 동시에 비슷한 정도로 탁해지며 시력에는 영향을 주지 않는다. 수정체가 회백색으로 흐려져서 시력이 떨어지는 **백내장**은 개와 비교하면 고양이는 드물다. 수정체 핵경화증과 증상이 비슷해서 구별이 어려울 때도 있다.

그 밖에도 그루밍에 소홀해지기에 **눈곱**이 잘 낀다.

노화와 함께 찾아오는 겉모습의 변화

눈 : 눈곱. 홍채 위축. 수정체가 탁해진다.

피부 : 탄력이 없어진다. 건조하고 비듬이 눈에 띈다. 발바닥 볼록살이 거칠어지고 딱딱해진다.

털 : 털의 양이 줄고 윤기가 없다. 털이 푸석해지고 떡 진다. 털이 뭉친다. 흰 털이 눈에 띈다.

치아 : 치아가 빠지거나 구취가 나기도 한다.

발톱 : 발톱이 두꺼워진다. 너무 많이 자라서 발톱이 볼록살에 파고들기도 한다.

체형 : 근육량이 줄어든다. 배가 처진다.

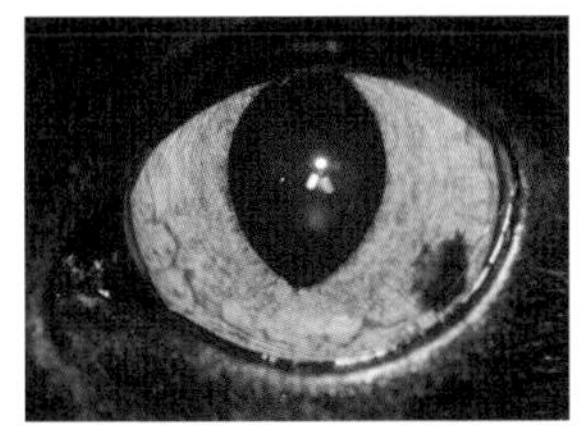

왼쪽의 노령성 홍채 위축은 오른쪽 안구의 홍채 멜라노마(악성 종양) 초기 증상과 구분하기 어려울 수도 있다. 사진 제공 : Sabine Schroll(좌), Sabine Wacek(우)

참고로 나이가 듦에 따라 수정체가 탁해져서 통과하는 빛이 줄어 **수정체 반사광이 커지는 것을 이용한 연령 측정법**이 있다. 지나치게 밝지 않은 방에서 고양이를 가볍게 붙잡고 약 20cm 거리에서 고양이의 눈에 의료용 펜 라이트(Pen Light)로 부드러운 빛을 비춘다. **절대 강한 빛을 비춰서는 안 된다.** 펜 라이트를 얼굴 옆쪽에서 가운데를 향하게 천천히 움직이면 각막 및 수정체의 전면과 후면에서 세 개의 반사광이 보일 것이다. 가장 밝은 각막 반사광은 무시한다. 수정체의 전면과 후면의 반사광 크기를 어림잡아 나이를 추정한다. 좀처럼 알아내기 어려울 때도 있지만 고양이가 편안하게 쉬고 있을 때를 노리면 비교적 쉽게 파악할 수 있다.

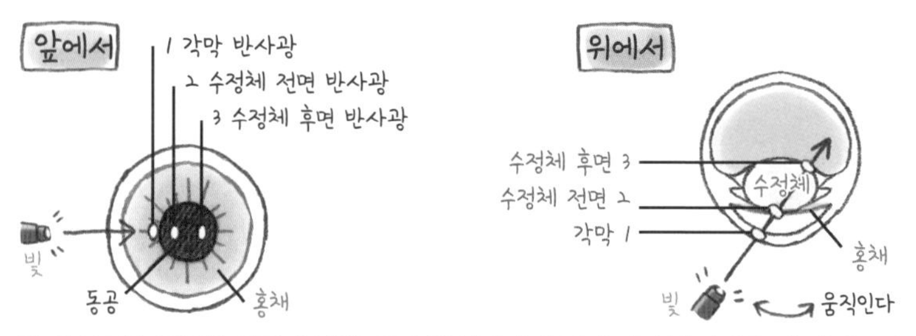

펜 라이트를 이용한 연령 측정법. 각막 반사광과 수정체 전면 반사광은 펜 라이트와 같은 방향으로, 수정체 후면 반사광은 펜 라이트와 반대 방향으로 움직이는 것을 알 수 있다.

pp 0.5 1.0 1.5 2.0 2.5 3.0 4.0

지름 0.5에서 4mm까지 점을 그린 종이를 미리 준비해서 고양이 눈에 생긴 반사광과 비교하면 파악하기 쉽다.

[표1] 펜 라이트를 이용한 연령 측정법

반사광(수정체 전면)	반사광(수정체 후면)	연령 폭(평균 연령)
바늘 끝 정도(<1.0mm)	바늘 끝 정도(<1.0mm)	0~4.5세(2.2세)
바늘 끝 정도(<1.0mm)	0.7~2.0mm	4.6~7.5세(6세)
1.0mm	2.0mm	7.6~9세(8.2세)
1.5mm	2.5mm	9~13세(11세)
2.0mm	3.0mm	13~15세(14세)
3.0mm	4.0mm	>15세(15세 이상)

출전 : Tobias G, Tobias TA, Abood SK(2000) "Estimating age in dogs and cats using ocular lens examination."

치아 : 고양이의 유치는 생후 5~7개월경에 영구치로 갈린다. 치아 상태는 식이, 치아 관리, 건강 상태에 크게 영향을 받으므로 치아 상태로 나이를 측정하기는 어렵다. 젊어도 치아가 이미 빠진 고양이가 있는가 하면 시니어기에 들어서도 비교적 치아가 깨끗한 고양이도 있다. 하지만 영구치가 모두 난 직후부터 1세 무렵까지의 고양이의 치아는 거의 새하얗다. 나이와 함께 색이 누레지고 치아(특히 송곳니)가 닳아서 둥그스름해진다. 이르면 2~3세경부터 대체로 5세경에는 치아에 누런 치석이 많이 끼고 잇몸에도 갈색 얼룩 같은 색소 침착이 생기게 된다. 더욱이 **시니어기에 들어가면 치아 대부분에 치석이 끼고 잇몸의 색소 침착도 늘며 구취가 나고 치아가 빠지는 경우도 많아진다.** 치아 상태로 '비교적 젊음', '중년기', '시니어기 이상'이라고 대략적인 나이를 추측할 수는 있다.

고양이의 치아

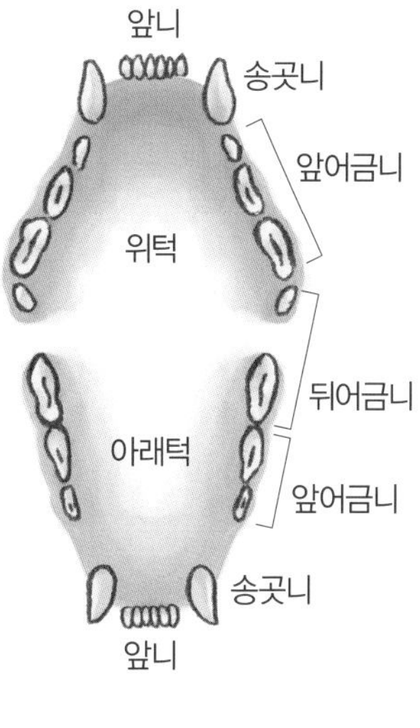

[표2] 고양이의 치아 종류와 개수

치아 종류	위턱(한쪽)	아래턱(한쪽)
앞니	3	3
송곳니	1	1
어금니	4	3

고양이의 영구치는 모두 합쳐 30개(유치는 뒤어금니를 빼고 26개)이다.

발톱 : 고양이의 발톱은 껍질층이 몇 겹으로 이루어져 있어서 발톱을 갈면 바깥쪽 껍질이 벗겨지고 새로운 층이 드러나는 구조다. 하지만 나이를 먹으면 고양이는 스크래치(발톱 긁기)를 잘 하지 않게 된다. 그러면 **바깥쪽 껍질이 벗겨지지 않아 발톱이 둥글게 말리듯 자라게 된다.** 발톱이 카펫이나 커튼에 걸리거나 마룻바닥을 걸을 때 딱딱 소리가 나서야 발톱이 너무 많이 자랐다는 사실을 깨닫기도 한다. 색깔도 흰빛으로 탁해진다. 자란 발톱을 방치하면 굵은 갈고리형 발톱으로 변형되어 발톱(특히 앞발 엄지)이 발바닥 볼록살을 파고들어 찌를 수도 있다. 발톱의 정기적인 체크와 손질에 관한 자세한 내용은 **5-3**을 참조하기 바란다.

털·피부 : 신진대사가 나빠져서 털이 많이 빠지고 숱이 없거나 털이 갈라지기도 한다. 털에 전체적으로 윤기가 없어지고 푸석거린다. 그루밍을 게을리하게 되는 것도 원인 중 하나다. 몸의 유연성이 없어져서 그루밍을 하기가 어려워지고 (특히 등 부분) **털이 떡 지기도** 한다. 피부도 얇아져서 탄력성이 없어지고 부드러웠던 볼록살도 거칠어지고 딱딱해진다. 중년기에 들어가면 얼굴에 드문드문 흰 털이 보이는 고양이도 있으며 시니어기에 들어가면 몸에도 **흰 털**이 눈에 띈다. 털이 검은 고양이라면 흰 털이 확실히 보이며, 털이 흰 고양이라도 어딘가 조금이라도 검은 털이 나 있다면 그 부분의 색이 옅어진다.

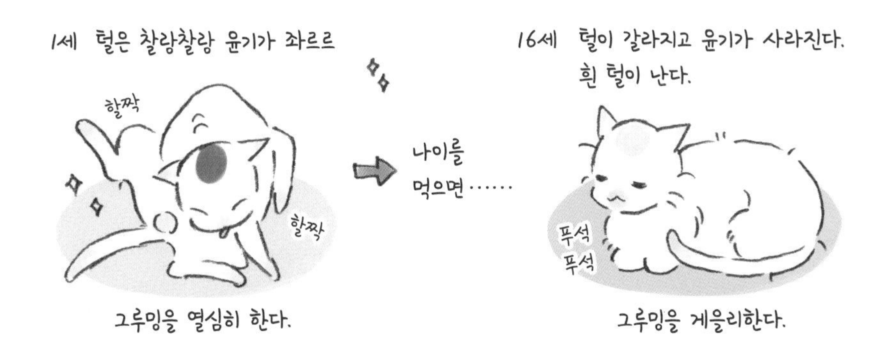

체형 : 고양이는 보통 필요한 열량(먹는 양)을 스스로 조절할 수 있다. 그러나 중성화 수술을 하거나 열량 밀도가 높은 건식 사료를 먹으면 그 능력이 충분히 발휘되지 못한다고 한다. 특히 중성화 수술 후에는 몸무게 유지에 필요한 열량이 25~35% 감소하므로 섭취 칼로리를 조절해주지 않으면 중년기에 **비만** 고양이가 된다. 반대로 시니어기에 들어가면 **마르는** 경우가 많다. 또한 나이가 들면서 근육량이 줄어드는데, 특히 등에서 엉덩이, 뒷다리 근육이 많이 준다. 건강을 유지하기 위해서는 반드시 정기적으로 체형을 체크(**4-2** 참조)해야 한다.

노화는 행동의 변화로도 나타난다
~ 동작이 느려지고 감각도 둔해진다

노화가 찾아오면 고양이의 **행동**에도 변화가 보이기 시작한다. 젊은 시절에 비해 잘 움직이지 않게 되므로 아무래도 고양이를 보기가 힘들어진다.

• **자는 시간이 길어진다 :** 20시간 가까이 자기도 한다. 자는 시간이 길어질 뿐 아니라 잠의 깊이도 깊어져서 갑자기 깨우면 정신을 못 차리고 상황을 파악하는 데 시간이 걸리기도 한다.

• **활동성의 저하 :** 중년기에 들어서면 젊을 때처럼 활발하게 움직이는 일이 적어진다. 시니어기에 들어서면 더욱 행동이 느려지고 일어서거나 걷는 등 행동 하나하나를 취할 때도 시간이 걸린다. 놀이에도 그다지 흥미를 보이지 않게 되며 설사 흥미를 보이더라도 집중력이 떨어지고 노는 시간도 서서히 줄어든다.

• **민첩성의 저하 :** 평형 감각과 운동 능력이 저하된다. 근육, 특히 뒷다리 근육이 감소하고 관절도 퇴화하여 순발력이 약해지며 지금껏 올라갔던 장소에도 쉽게 올라가지 못한다.

• **감각 기능(오감=시각, 청각, 후각, 미각, 촉각)의 저하 :** 감각기는 외부로부터 정보를 받아들여 지각하는 역할을 한다. 나이가 들면 감각 기능은 서서히 저하하고 지각하는 데에도 시간이 걸린다. 가령 청력이 떨어지면 사람의 목소리(특히 저음)를 잘 알아듣지 못하고 주변 소리에 잘 반응하지 않게 되거나 우는 소리가 커질 수도 있다. 후각·미각이 퇴화하면 음식에 대한 흥미가 떨어져 식욕 부진이 생기기도 한다. 촉각이 저하하면 온도 감각이 둔해지므로 저온 화상을 입거나 온열 질환에 걸릴 수도 있다.

• **추위를 탄다** : 나이를 먹으면 몸도 마르고 근육량이 줄어서 혈액 순환 및 신진대사가 원활하지 않고 활동량도 줄어들어 추위를 많이 탄다.

인지 기능 장애로 행동 변화(3-10 참조)를 보이는 경우도 많다. 물론 시니어기에 들어가도 활동적인 고양이가 있다. 행동 변화는 사람과 마찬가지로 '개묘차'가 있다. 그러나 병이나 관절의 통증 등이 원인이 되어 활동성이 떨어지는 것이 일반적이다.

행동도 변한다

장난감을 가지고 잘 논다. 높이 점프하거나 높은 곳에 쉽게 올라갈 수 있다.

운동 능력이 떨어져 점프에 실패하기도 한다.

1-5 '통증의 신호'를 놓치지 않는다
~ 얼마나 아픈지는 페인 스케일로 판단하자

노화로 인한 고양이의 행동 변화는 병이나 통증의 신호와 비슷한 경우가 많고, 이들을 실제로 구별하기 어려울 때도 있다.

고양이는 통증이 있거나 몸이 좋지 않아도 겉으로 드러내지 않고 조용히 꾹 참는 경우가 많다. 자연계에서 고양이는 병이 걸리거나 다쳐도 적의 먹잇감이 되지 않도록 약한 면을 숨기려는 습성이 있기 때문이다.

사람도 저마다 통증을 다르게 느끼듯, 고양이가 통증을 느끼는 모습은 그 고양이의 성격에 크게 영향을 받는다.

몸 어딘가에서 통증이 느껴질 때 **고양이의 행동이 변화**한다. 그것을 알아차릴 수 있는 사람은 평소에 고양이와 함께 생활하고 고양이의 기질, 평소의 모습 등을 속속들이 알고 있는 반려인밖에 없다. 갑자기 발생한 통증이라면 확실히 다른 모습을 보이니 금세 알아챌 수 있지만, **오랜 기간에 걸쳐 조금씩 발생한 만성 통증은 놓치기 쉽다.**

일반적으로 고양이는 통증을 느낄 때 활동 시간과 그루밍하는 시간이 줄고, 움직임이 둔해지기도 한다. 만지는 걸 싫어하거나 반려인 및 다른 동거묘와의 접촉을 피해 숨으려 한다. 또한, 이제껏 취하지 않던 자세로 앉거나, 잠을 자거나(통증이 있는 부분을 아래에 두고 자곤 한다), 표정이 평상시와 달라 보이는(귀가 옆으로 젖혀 있음, 눈이 약간 가늘어지고 치켜 올라감, 찡그림 등) 일도 있다.

그럴 때는 갑작스러운 통증을 평가하는 **페인 스케일**(Pain Scale)을 참고하기 바란다(오른쪽 표).

[표] 갑작스런 통증의 평가(페인 스케일)

통증의 점수/몸의 긴장도	깨어 있을 때의 자세(예)	모습이나 행동의 변화	아픈 곳을 만졌을 때의 반응
0		• 만족스러운 표정이며 조용하다. • 휴식 중에도 편해 보인다. • 주위에 흥미가 있고 호기심을 보인다.	반응하지 않는다.
1/경도		• 주위에 조금 거리를 두거나 평소의 행동에 변화가 보인다. • 거의 주위에 대해 흥미를 보이지 않지만 (눈으로 좇는 등) 관심은 보인다.	반응했다가 안 했다가 한다.
2/경도~중등도(中等度)	 웅크리고 있다(머리가 어깨보다 내려가고 네 발을 몸 아래로 접어 넣고 꼬리를 몸에 딱 붙인다).	• 외부에 대한 반응이 줄고 접촉을 피하려 한다. • 조용하고 눈빛이 반짝이지 않고 눈을 감고 있는 편이다. • 몸을 웅크리고 자거나 쪼그리고 있다. • 털이 푸석푸석하거나 일어서 있다. • 통증이 있는 부위를 핥는다. • 음식에 흥미를 보이지 않고 식욕이 떨어진다.	• 아픈 곳을 만지면 공격적으로 나오거나 도망치려 한다. • 아픈 곳을 만지지 않으면 신경 쓰지 않는다.
3/중등도		• 지속적으로 울거나 으르렁거리거나 위협한다. • 통증이 있는 부위를 핥거나 문다. • 움직이려 하지 않는다.	• 으르렁거리거나 위협한다. • 공격적이다.
4/중등도~중도(重度)		• 쓰러지듯 누워 있다. • 주위에 관심이 없어서 주의를 끌기 어렵다. • 보살핌을 받아준다(평소에 사람이 만지는 걸 싫어하는 고양이라도).	• 반응하지 않는다. • 움직이면 아프므로 움직이지 않아서 몸이 굳어 있는 경우도 있다.

참고: 콜로라도 주립 대학 Veterinary Teaching Hospital, feline acute pain scale

'몸'뿐 아니라 '마음'도 변한다
~ 고집이 세지는 건 사람과 마찬가지

1-6

나이가 들면 환경에 대한 적응력이 떨어지고 스트레스 내성(스트레스에 대응할 수 있는 유연함과 강함)이 약해지므로 고양이의 노화는 몸과 행동으로 보이는 신체적인 면뿐 아니라 **감정, 기분, 인지 능력과 같은 정신적인 면에도 영향**을 준다.

나이 든 고양이의 심리적 변화는 오랫동안 함께 살아온 반려인만이 느낄 수 있다. 나이를 먹으면 감각 기능이나 주위를 인지·분석하는 능력이 퇴화하므로 새로운 것을 학습하는 데 시간이 걸린다. 작은 일에 깜짝 놀라거나, 짜증을 내며 안절부절못하거나, 곧잘 불안해하거나 공격적인 태도를 보이는 고양이도 있다. 또한, **나이를 먹으면 완고해지는 것은 사람과 마찬가지**다.

고양이의 성격이 변하기도 한다. 가령 나이를 먹으면 만지는 걸 싫어하게 되는 고양이가 있는가 하면, 젊을 때는 자립심이 강하고 쿨해서 사람에게 곁을 주지 않았는데 나이가 들면서 반려인에게 애교를 부리고 졸졸 따라다니는 고양이도 있다.

고양이와 오래 살면 반려인과 고양이 사이에는 말하지 않고 얼굴만 봐도 서로를 이해할 수 있는 깊은 유대가 형성된다. 젊은 시절에는 활발하고 장난기 가득한 표정을 보이던 고양이도 나이를 먹으면 점점 '**묘생**'을 완전히 깨달은 듯한 평온한 표정을 짓기도 한다. 왠지 위엄조차 느껴지기도 한다. 안티에이징이다 뭐다 소란을 피우며 좀처럼 노화를 겸허히 받아들이지 못하는 우리가 배워야 할 점인지도 모르겠다.

고양이는 (아마도) 옛 추억에 잠기는 일도 없이, '나이를 먹는 것'도 '병에 걸리는 것'도 고민하는 일 없이 그야말로 '**지금, 바로 이 순간**'을 열심히 살아낸다.

음식을 먹고 물을 마시고 배설하고 자기가 가장 좋아하는 따뜻하고 편안한 잠자리에서 쉬면서 가족이나 동거묘들과 어울리는, 그런 평화로운 나날을 오래 보낼 수 있다면 시니어 고양이에게는 행복 그 자체가 아닐까? 반려인으로서 할 수 있는 일은 다 해주자. 설사 해줄 수 있는 것이 한정되더라도 **'집사의 사랑'이 가장 큰 특효약**이다. 고양이가 마음 놓고 생활할 수 있도록 함께 보내는 시간을 많이 만들도록 하자.

마음의 변화

뮌헨의 '고양이 카페'는 어떨까?

일본에서는 **고양이 카페**가 완전히 정착했기에 가본 적이 있는 분도 많을 것이다. 최근에는 고양이와 교류하는 카페뿐 아니라 구조한 고양이의 반려인을 찾는 '**구조한 고양이 카페**'도 늘어서 그 기능도 다양해졌다.

일본을 보고 세계 각지에서도 고양이 카페가 속속 문을 열었다. 독일에도 현재 세 개의 고양이 카페가 있다. 고양이 카페도 그 나라의 문화를 반영하는 모양인지 나라에 따른 차이도 있는 듯하다. 독일 뮌헨의 고양이 카페는 들어가는 문은 이중으로 되어 있지만, 매장 안은 지극히 일반적인 카페다. 일본처럼 입장료 같은 것은 없고 음료나 간단한 음식을 주문해서 먹을 수 있다.

가게 안에는 캣타워나 캣워크, 고양이용 침대 등이 놓여 있어서 고양이들이 쉬고 있다. '고양이와 적극적으로 교류'하기보다는 '**고양이가 있는 공간을 즐기는**' 느낌이다. '고양이 카페'인 줄 모르고 카페에 들어갔다가 "앗, 고양이다!" 하고 그제야 눈치채는 손님이 있을 정도로 평범한 카페다. 손님을 배려하여 주방에는 고양이를 들이지 않는다. 카페 안쪽에 고양이만 들어가는 방이 있어서 고양이가 누가 쳐다보거나 만지는 것이 싫어질 때나 '나 혼자 있고 싶다옹.' 하고 생각할 때는 언제든 방으로 들어가서 숨을 수 있다.

모두 구조한 고양이라고 하는데 사람을 경계하지 않고 잘 따르면서도 케이크나 커피의 크림 등을 달라고 조르는 일은 없다(역시 성격을 보고 고른 아이들인 듯하다). 물론 고양이가 다가오면 보통은 쓰다듬어주지만 적극적으로 고양이에게 다가가서 만지려는 사람은 그다지 없다.

제 2 장

시니어 고양이의 건강 관리

2-1 내 고양이의 '기본 데이터'를 알아두자
~ 심박수, 호흡수, 체온, 구강 내 점막

고양이와 접하는 반려인이 **손쉽게 할 수 있는 건강 체크법**은 다양하다. 평소에 고양이와 스킨십도 할 겸 반려인이 내 고양이의 '주치의'가 되었다는 생각으로 꼭 실천하자. 새끼 때부터 시작하면 이상적이지만 고양이의 나이와 상관없이 언제든 시작하는 게 좋다.

고양이에게도 개묘차가 있으므로 우선은 건강 관리의 일환으로서 **고양이가 건강할 때 기본 데이터**를 파악해두는 것이 중요하다. 매일 할 필요는 없지만 2주에 한 번 정도 정기적으로(신경 쓰일 때는 자주) 체크한다면 몸 상태의 변화를 알아차리기 쉬워진다. 결과는 그때그때 기록해두자. 가능한 한 같은 조건(시간대, 식전·식후 등)에서, 고양이가 편안하게 쉬고 있을 때 측정할 수 있다면 이상적이다.

그런 기록은 수의사에게도 중요한 정보가 되므로 동물병원에서 진찰받을 때 가지고 가면 도움이 된다. 고양이는 보통 동물병원에 가면 긴장하거나 흥분하므로 측정치가 집에서보다 높을 때도 있다.

심박수(맥박수) : **110~180회/분**(스트레스 상황에서는 200회/분에 달하기도)

고양이가 편안하게 쉬고 있을 때 고양이 뒤쪽에서 잰다. **오른쪽 페이지 상단 그림**을 참고하자. 고양이의 오른쪽 옆구리쪽에서 오른손을 집어넣고 안는 듯한 느낌으로 가슴 언저리로 가져간 후 고양이의 왼쪽 가슴(왼쪽 앞다리 팔꿈치가 배에 닿는 부분)을 중지 끝으로 확인한다. 청진기가 집에 있다면 청진기를 흉부에 대고 세어도 된다. 1분은 너무 길므로 **15초 잰 후에 4를 곱하면** 1분간의 심박수를 알 수 있다. 맥박수는 **하**

단 그림처럼 고양이 뒤에서 뒷다리 허벅지 근처를 검지와 중지로 쥐는 듯한 느낌으로 잰다. 뒷다리 안쪽에 있는 대퇴 동맥의 진동을 확인한다. 고양이에 따라서는 (뚱뚱해서) 잘 느껴지지 않을 수도 있다.

🐾 호흡수 : 20～40회/분

고양이가 편안하게 누워 있거나 할 때 '가슴 부분이 오르락내리락하는 움직임을 1회'로 잡고 그 횟수를 센다. 심박수와 마찬가지로 15초간 잰 후 4를 곱해서 1분간의 호흡수를 계산하면 된다.

알아두자! 고양이의 기본 데이터!

● 심박수 측정

고양이의 왼쪽 가슴
(왼쪽 앞다리 팔꿈치가 배에 닿는 부분)을 중지 끝으로 확인한다.

● 맥박수 측정

뒷다리 안쪽에 있는
대퇴 동맥의 진동을 확인한다.

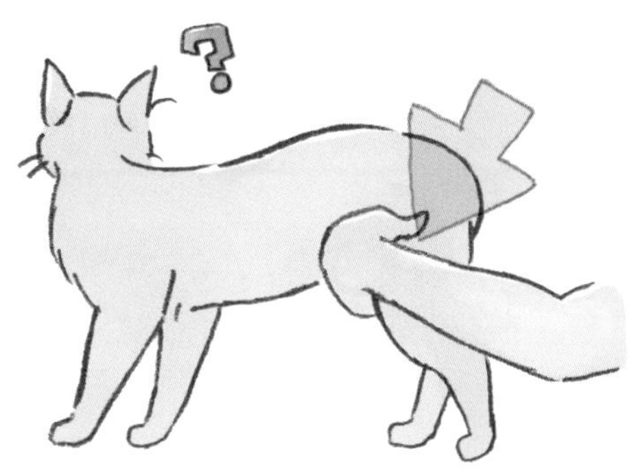

★ 모든 측정은 고양이가 편안하게 쉬고 있을 때 실시할 것!

🐾 체온 : 성묘의 평균 체온은 37.5~39.0℃

체온은 고양이에 따라 개묘차가 있으므로 **반려묘의 평균 체온을 파악해두는 것이 매우 중요**하다. 나이와 함께 체온은 내려가는 경향을 보인다. 체온은 전자 체온계(동물용이든 사람용이든)를 항문에 적어도 1cm 살짝 넣어서 직장 온도를 잰다. 윤활제(바셀린 등)를 조금 바르면 잘 들어간다. **끝이 부드럽게 굽어 있고 몇 초 만에 측정할 수 있는 반려동물용 체온계**라면 고양이도 그다지 싫어하지 않는다. 체온을 잴 때 고양이가 갑자기 움직이는 일도 있으므로 체온계를 쥔 손이 항상 고양이의 몸에 가볍게 닿아 있도록 주의하면 안심할 수 있다. 체온계 끝은 사용 후에 소독하거나 체온계 끝에 씌우는 **일회용 커버**(랩으로도 대용 가능)를 쓰면 편리하다.

한 사람이 가볍게 고양이를 잡고 다른 한 사람이 재면 더욱 편한데, 고양이가 싫어하면 억지로 할 필요는 없다. 가장 정확한 것은 직장 온도이며, 겨드랑이 아래나 디지털 귀 체온계를 이용한 귀 온도 측정은 직장 온도와는 오차(±0.5℃ 이상)가 나서 정확하지 않다.

하지만 직장 온도 측정이 어려운 경우라면 참고할 수는 있다. 체온을 재지 못하더라도 평소에 고양이 귀나 하복부를 만져보고 체온을 확인하는 것을 습관화하면 "오늘은 평소보다 뜨겁네." 하고 알 수 있다.

평소에 체온이 40℃ 이상이라면 "열이 있다."라고 간주한다. 발열(고체온)에는 다양한 원인이 있다. 가령 감염증, 종양, 온열 질환, 갑상선 기능 항진증(3-3 참조) 등을 생각할 수 있으므로 몸이 뜨겁다고 느껴지면 체온을 재서 평상시의 체온과 비교해보자.

반대로 체온이 37℃ 이하라면 쇼크나 동맥 혈전 색전증(3-5 참조)을 의심할 수 있다. 뚜렷이 상태가 이상하다면 곧장 동물병원에 가서 진료를 받도록 하자.

호흡수 측정

누워 있을 때 등에 손을 댄 후 '가슴 부위가 오르락내리락하는 움직임을 1회'로 삼고 그 횟수를 센다.

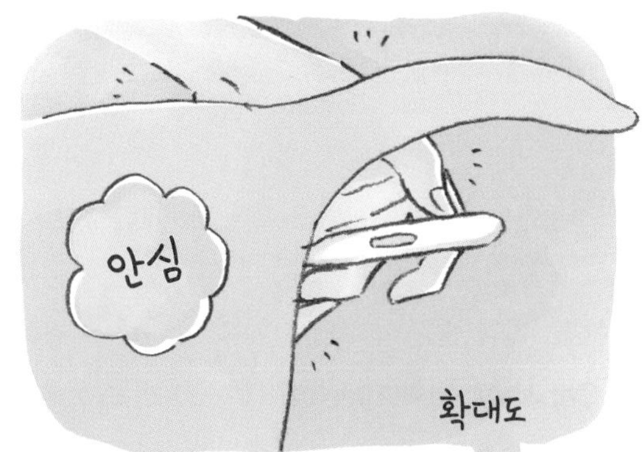

체온 측정

전자 체온계 끝에 윤활제를 발라서 항문에 살짝 넣는다.

한 사람이 가볍게 고양이를 잡고 다른 한 사람이 재면 쉽게 할 수 있다.
고양이에게 상처를 입히지 않도록 체온계를 잡은 손이 항상 고양이 몸에 가볍게 닿게 한다. 싫어할 때는 억지로 잴 필요는 없다.

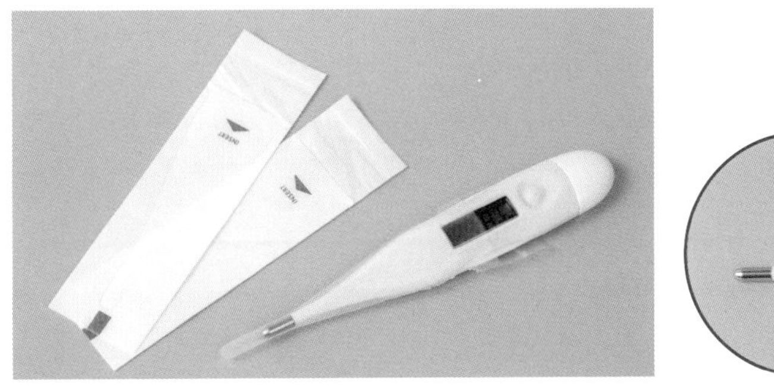

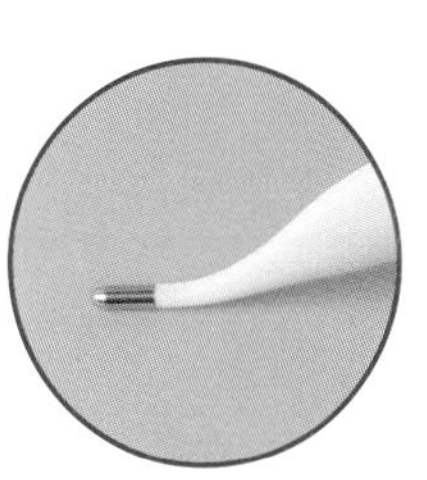

반려동물용 체온계. 서모 플렉스(Thermo Flex) 등이 사용하기 편하다. 인터넷에서 약 3,000엔*에 살 수 있다. 체온계가 오염되지 않도록 일회용 커버가 딸려 오기도 한다.

* 〈역자 주〉 엔화 환율은 시세에 따라 다르나, 1엔을 10원으로 환산하면 대략적인 가격을 알 수 있다.

구강 내 점막

잇몸과 구강 내 점막의 색을 체크한다. 고양이의 구강 내 점막은 보통 옅은 보랏빛을 띠는 분홍색이지만 이 또한 개묘차가 있으므로 평소의 색과 다르지 않은지 체크한다. 흰빛을 띠면 빈혈, 누르스름하면 황달, 청자색일 경우에는 청색증(혈중 산소 농도가 저하)일 가능성이 있다. 또한 구강 점막에 염증이 생겨 빨갛지는 않은지, 붓거나 혹이 생기지는 않았는지도 살핀다. 동시에 잇몸에 염증이 생겨 붉어졌거나 출혈이 있지는 않은지도 확인해두자(5-4 참조).

한편, 혈액 순환이 정상인지를 확인하기 위해서 **모세 혈관 재충만 시간(Capillary Refill Time)**을 잰다. **아래 그림**처럼 고양이의 윗입술을 조금 위로 들어 올린 후 잇몸(송곳니 윗부분)을 2초 정도 손끝으로 눌러 압박한 후 손가락을 떼고 하얘진 잇몸 색이 다시 원래 분홍빛으로 돌아오기까지의 시간을 측정한다. 보통은 **2초 이내**에 원래 색으로 돌아오는데 2초 이상 걸린다면 혈액 순환에 문제(혈압 저하, 쇼크 등)가 있을 수 있다.

◆ 입안을 체크

점막의 색

- 구강 내 점막 색이 평소와 다르지는 않은가?
- 부기가 있거나 혹이 생기지는 않았는가?
- 치아와 잇몸 상태

혈액 순환

위턱의 송곳니 윗잇몸을 손끝으로 2초 정도 눌러 압박하여 모세 혈관 재충만 시간을 잰다.

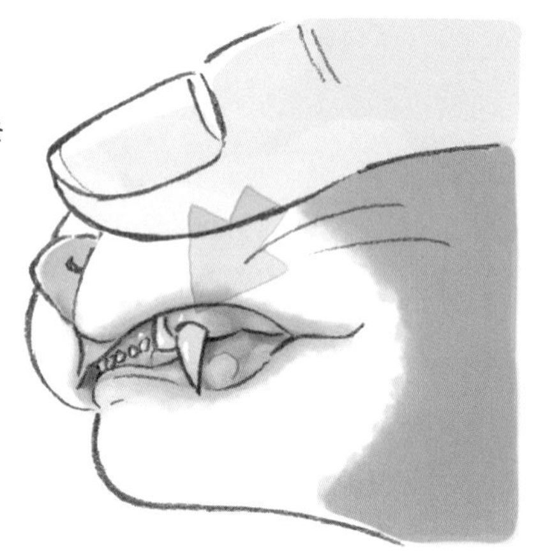

2-2 집에서 할 수 있는 건강 체크 ①
~ 몸무게, 음수량, 림프절

몸무게 체크

매일 보기 때문일까. 반려인은 자기 고양이가 살찌거나 빠지는 것을 의외로 잘 눈치채지 못한다. 몸무게를 정기적으로 재는 것은 고양이의 몸에 부담이 가지 않는, 매우 효과적인 건강 체크 방법이다. 겉보기에는 그다지 변화가 없더라도 **수치로 보면 몸무게의 미묘한 변화가 명백**해진다.

몸무게를 쟀는데 4kg이었던 고양이가 갑자기 3.6kg으로 줄면 '크게 달라지지 않았다.'라고 생각할지도 모른다. 하지만 이것은 고양이에게는 몸무게의 10%가 줄어든 것으로, 사람으로 치면 60kg인 사람이 54kg으로 감소한 셈이다.

몸무게가 장기적으로 아주 조금씩 줄어드는 것은 만성 질병의 조짐인 경우가 많다. 따라서 적어도 **한 달에 한 번**(변화가 있을 때는 더욱 빈번하게) 정기적으로 몸무게를 재서 메모해두자. 5% 정도의 몸무게가 감소한다면 당분간 상태를 지켜봐도 좋지만, 더욱 꾸준히 몸무게가 감소한다면 검사를 받아보는 게 좋다.

중년기에는 약간 뚱뚱한 고양이가 많지만 시니어기에 들어가면 살이 빠지는 경향을 보인다. 노년기에 들어가는 15세를 넘기면 두 마리 중 한 마리는 지나치게 마른다고 한다. 시니어 고양이가 걸리기 쉬운 만성 질병에 전반적으로 해당하는 이야기지만, 치료를 시작하는 시점에 몸무게가 이미 크게 감소하여 전체적으로 몸 상태가 좋지 않으면 아무래도 예후가 좋지 않다.

[그래프] 너무 뚱뚱하거나 마른 고양이의 연령에 따른 비율

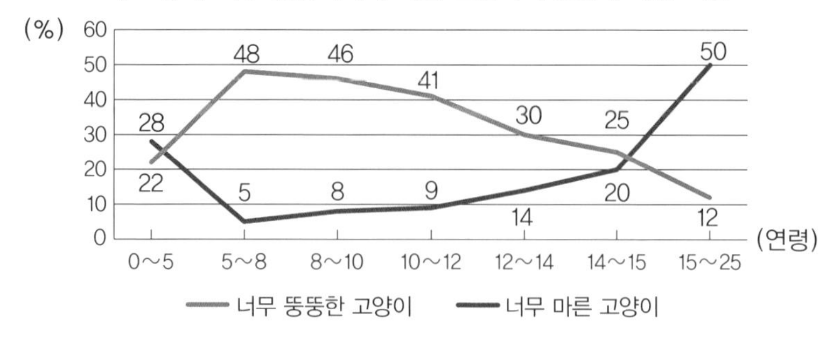

나이를 먹으면(14~15세 정도) 너무 마른 고양이가 급증한다.

정기적인 몸무게 측정은 효과적인 건강 체크 방법이다. 집에 체중계가 있다면 다음과 같은 방법으로 잰다.

고양이 몸무게 재는 법 체중계 혹은 손저울로 잰다

① 고양이를 안고 잰 후 자신의 몸무게를 뺀다.

② 이동장 등에 넣어서 잰 후 이동장의 무게를 뺀다.

③ 장난감이나 간식으로 체중계로 유도한다.

④ 이동장 등에 고양이를 넣어 손저울 고리에 건다.

유아용 체중계나 반려동물용 체중계가 있으면 더욱 좋다.

집에 체중계가 없다면 디지털식 손저울이 값싸고(수백 엔부터) 자리도 많이 차지하지 않으므로 편리하다. 이동장 등에 고양이를 넣고 손저울 고리에 걸면 무게를 잴 수 있다.

이상(理想) 체중·이상 체형에 관해서는 4-2에서 자세히 설명하겠지만 고양이가 이상 체중을 유지할 수 있도록 평소에 식이 관리에 힘쓰는 것이 질병의 예방으로도 이어진다.

🐾 음수량 체크

소변량을 직접 재기는 어려우므로 소변량의 증감은 **음수량**을 참고하자. 음수량은 기온과 빠져나가는 수분(소변, 대변 등)의 양에 좌우된다. 구토, 설사, 부상 등으로 수분을 잃거나 소변이 많이 나오는 병(만성 신장병이나 당뇨병 등)에 걸리면 물을 많이 마시게 된다.

고양이는 하루에 **몸무게 1kg당 약 50ml**의 물을 마신다. 마시는 물의 양에는 개묘차가 있으며 기본 활동량이나 사료의 형태(수분 함유량)에 따라 달라진다. 가령 몸무게 4kg의 고양이는 하루에 약 200ml의 수분이 필요하다. 이 고양이가 하루 60g의 건식 사료(수분 함유량 10%)를 먹는다고 치면 사료에서 얻을 수 있는 양은 불과 6g=6ml이므로 194ml의 물을 마셔야 한다. 같은 고양이가 하루 240g의 습식 사료(수분 함유량 80%)를 먹는다면 사료에서 이미 192g=192ml의 수분을 섭취하므로 8ml의 물을 마시면 된다는 계산이 나온다. 대략적인 기준으로는 건식 사료만 먹는 고양이라면 하루에 마시는 물이 몸무게 1kg당 60ml 이상이면 다음(多飮)을 의심해야 한다.

놓아두는 물은 시간이 지나면 증발하므로 고양이가 마신 물의 양을 정확히 재는 것은 어렵지만 아침, 혹은 매일 정해진 시간에 가령 500ml의 계량컵으로 잰 물을 고양이의 물그릇(여러 개라도)에 붓고 다음 날 물을 바꿔줄 때 남은 양을 재보면 고양이가 **하루에 물을 대략 얼마나 마시는지** 알 수 있다. 이것을 일과로 삼는다면 고양이의 음수 경향을 파악할 수 있기에 다음을 하면 쉽게 눈치챌 수 있다.

고양이도 나이가 들면 목마름에 둔감해져서 음수량이 감소하기도 한다. 눈 주위가 움푹 들어가 있거나 목이나 등 피부를 가볍게 집어 들었다가 놓았을 때 2초 이내에 원래대로 돌아가지 않을 때는 **탈수 상태**가 의심되므로 수분을 보충해야 한다. 고양이가 물을 잘 마시지 않을 때에는 **4-6**을 참고하기 바란다.

림프절 체크

림프절은 온몸에 퍼져 있지만, **오른쪽 그림**에 표시한 붉은 점이 손으로 만져서 알 수 있는 주요 체표(體表) 림프절이다. 림프절은 좌우 한 쌍씩 있다. 고양이가 편하게 쉬고 있을 때 **엄지와 검지로 가볍게 쥐는 느낌**으로 스킨십을 겸해서 확인해보자. 부은 상태가 아니면 잘 안 느껴지는 림프절도 있지만 그림의 **2**와 **6**은 건강한 고양이라도 선명하게 느껴진다. 림프절은 감염증이나 종양 등 다양한 원인으로 부을 수도 있다. 따라서 평소에 림프절을 손으로 만져서 확인하고 부었을 때는 동물병원에서 검사를 받도록 하자.

◆ 탈수 상태 확인하기

목이나 등 피부를 가볍게 집어 들었다가 놓는다. 2초 이내에 원래 상태로 돌아가지 않으면 탈수를 의심한다.

동시에 몸에 혹이나 부은 곳이 없는지, 아파하지는 않는지, 손으로 느껴지는 감촉이 평소와 다르지는 않은지 등을 확인하자.

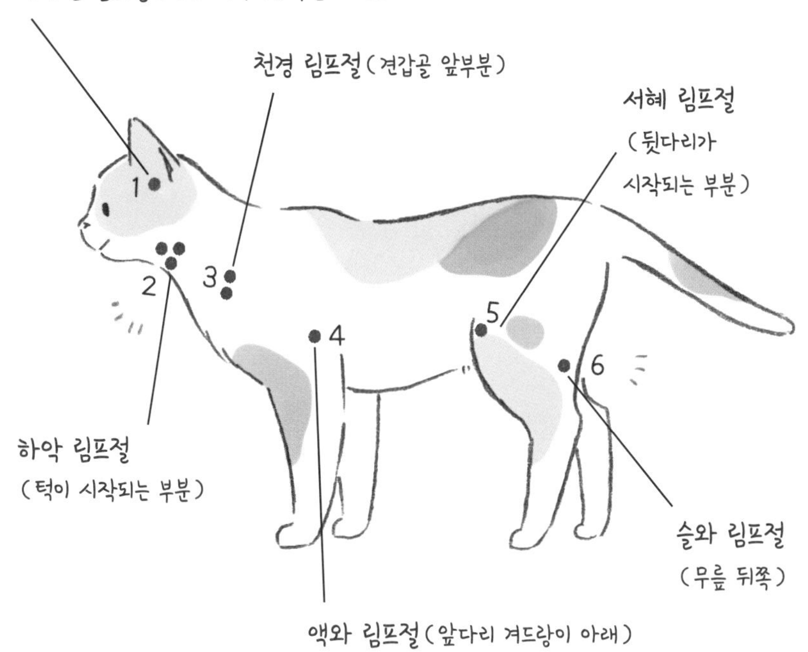

평소에 림프절이 부어 있지 않은지 확인!

집에서 할 수 있는 건강 체크 ②
~ 소변, 대변

소변 체크

소변은 건강을 가늠하는 중요한 척도다. 정기적으로 소변의 횟수, 양, 색, 냄새 등을 확인하자. 고양이는 통상 하루에 보통 2~3회 소변을 본다. 하루에 배출하는 소변 총량은 보통 몸무게 1kg당 20~30ml이지만 개묘차가 있다. 정상량의 약 두 배 이상의 소변을 보는 경우라면 다뇨라고 한다. 그러나 소변량을 정확히 재기는 어려우므로 "평소보다 화장실에 자주 가네."라든가, 굳는 형태의 고양이 모래를 쓰는 경우라면 "평소보다 감자가 더 크네." 하고 알아채는 것만으로도 괜찮다. 배뇨하는 모습도 관찰하여 화장실에서 배뇨 자세를 취하며 힘을 주는데도 소변이 안 나오는 상태가 만 하루 동안 이어진다면 수의사와 상담하자.

정기적으로 소변을 채취해 **색**이나 **냄새**를 확인하면 좋다. 보통, 소변 색은 담황색에서 황색이며 거품이 없고 맑으며 혈액이나 결정 등의 혼합물이 섞여 있지 않다. 냄새가 평소와 다르지 않은지 주의 깊게 살펴보자. 신장 기능이 약해지면 소변이 농축되지 않아서 소변 색이 열어지고 냄새가 별로 나지 않는다.

소변 관찰도 훌륭한 소변 검사이지만 채취한 소변을 동물병원에 가져가서 정기적으로 검사를 받을 수도 있다. 채취한 소변은 가능한 한 빨리(가능하면 두 시간 이내에) 가져가야 한다. 미리 동물병원에 확인해 두자.*

* 〈역자 주〉 우리나라는 보호자가 직접 소변을 채취해서 병원으로 가져오는 경우가 드물고, 보통 병원에서 직접 소변을 채취한다.

◆ 소변 체크

소변 채취 방법의 예. 고양이에게 맞는 것을 고른다.

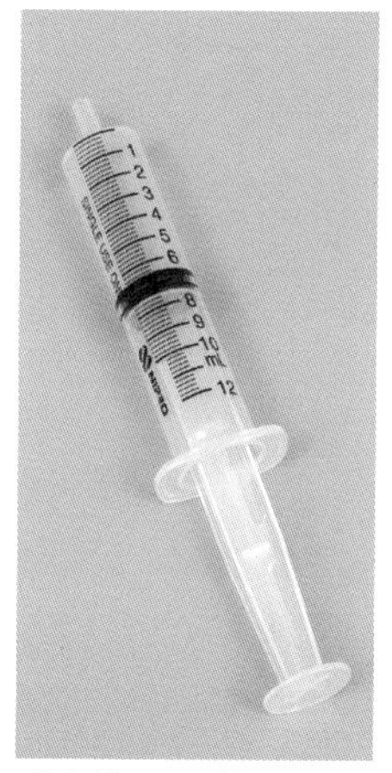

실린지(주사기)

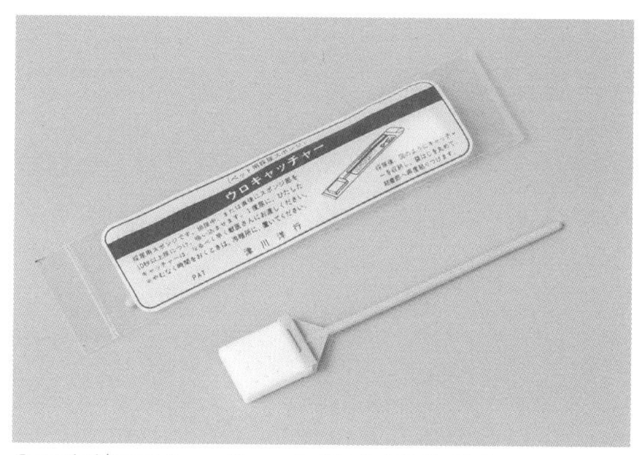

우로캐처(ウロキャッチャー). 한 개 100엔 정도

🐾 소변 채취 방법

여러 가지가 있으므로 고양이에게 맞는 방법을 고르도록 하자. 직접 채뇨하는 경우에는 고양이가 소변을 보기 시작한 타이밍에서 가능한 한 첫 소변이 아니라 **중간 소변**을, 미리 준비해둔 청결한 **종이컵**(국자 모양으로 자른다)이나 안 쓰는 플라스틱 용기 등을 사용해 받는다. 소변이

나오기 전에 소란을 피우면 소변을 보지 않을 수도 있으니 얌전히 소변이 나오기 시작하는 타이밍을 기다리자. 소변은 깨끗한 밀폐 용기에 담거나 **실린지**(Syringe : 바늘 없는 주사기. 동물병원에서 구매해두면 여러모로 쓸모 있다)로 빨아들여서 마개를 막은 후 그대로 가져가자. **우로캐처(ウロキャッチャー)**등 소변을 빨아들이는 채취용 스펀지를 동물병원이나 인터넷에서 살 수도 있다.* '우로(Uro)'는 Urine(소변)에서 기인한 말이다. 채취 후에는 원래 담겨 있던 비닐 팩에 넣고 가져가기만 하면 된다.

집고양이라도 반려인이 가까이 다가가면 소변을 보지 않는 고양이도 있다. 그런 경우에는 화장실에 깔기만 하면 소변을 흡수해주는 시판용 채취 시트를 쓰거나 반려동물용 배변 패드를 뒤집어서(수분을 흡수하지 않는 면으로) 쓰거나 랩 등을 이용하여 고인 소변을 나중에 **스포이트** 등으로 채취하면 된다.

평소 펠릿형 화장실을 사용한다면 소변이 거름망을 통과하여 아랫부분에 고이는 구조이므로 배변 패드를 깔아 쓴다면 미리 벗긴 후 화장실에서 직접 소변을 채취할 수 있다.

소변 채취 전용으로 개발된 물을 튕기는 성질의 고양이 모래(Kit4Cat 등 해외 수입품)도 있지만, 기존에 사용하던 화장실을 깨끗이 씻은 후 수분을 흡수하지 않는 모래나 청결한 아쿠아리움용 자갈을 조금만 넣어서 대신할 수도 있다.

소변 체크는 집에서도 할 수 있다

'집에서 간편하게 고양이 소변 검사를 할 수 있으면 좋겠다.'라고 생각하는 반려인은 동물병원에 상담하여 **소변 검사지**를 받아 오거나 시

* 〈역자 주〉 우로캐처는 일본 상품명으로 우리나라에는 없다. 영문으로 표기하면 'Uro Catcher'이다. 우리나라에는 핏펫 어헤드(Fitpet Ahead)라는 반려동물 간이 소변검사용 키트 상품이 있지만 어디까지나 간이검사용이며 병원에 가져다주기 위한 용도는 아니다.

판용 소변 검사지(사람용도 괜찮다)를 사용하여 다양한 항목(소변 속 단백질, 포도당, 케톤체, 잠혈, pH 등)의 검사를 집에서 할 수도 있다. 채취한 소변에 시험지를 담그거나 스포이트 등으로 빨아들인 소변을 시험지에 직접 떨어뜨려서 소정의 판정 시간에 따라 각 측정 항목의 표준 색조와 비교하는 시험지다.

단, 소변은 다양한 요인에 영향을 받기에 소변 검사지의 검사 항목에 따라서는 잘못된 양성 반응이 나오는 경우도 있으므로 주의가 필요하다.

더욱 의욕이 있는 분은 **요비중 굴절계**(인터넷 등에서는 RHC-300ATC, 200ATC 등을 4,000엔 전후로 구입 가능)를 사용하면 고양이의 요비중(소

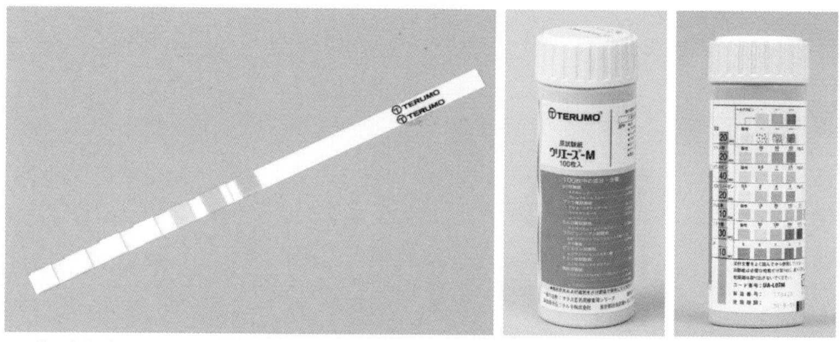

소변 검사지. 쓰고 싶을 때는 동물병원에 상담해본다. 포장지 뒤편에 색이 의미하는 것이 적혀 있다.

개·고양이용 요비중 굴절계. 사진은 'RHC-300ATC 휴대용 굴절계'. 스포이트로 2~3방울의 소변을 굴절계 끝의 프리즘 면에 떨어뜨려 (단안경 같은) 접안경을 보면서 명암의 경계선 위치를 읽어낸다.

변 농도)을 손쉽게 측정할 수 있다. 요비중은 신장 기능을 평가할 때 중요한 항목으로, 소변을 농축하는 신장의 기능이 떨어지거나 다음·다뇨가 되면 소변이 묽어져서 요비중이 내려간다. 건강한 고양이의 요비중은 약 1.035~1.060이다. 단, 요비중은 수분을 많이 섭취한 후나 건식 사료에서 습식 사료로 바꾸면 평소보다 낮아지는 경우도 있다. 요비중치가 한 번 정도 기준치에서 벗어났다고 해서 당황하지 말고 가능한 한 같은 시간대(가능하면 아침)에 며칠간 연달아 측정하여 그래도 반복적으로 이상 수치가 나온다면 반드시 동물병원에서 검사를 받아야 한다.

물론 집에서 하는 소변 검사지나 요비중 검사로 병을 확정할 수는 없지만, 고양이에게 스트레스를 주지 않고, 정기적으로 실시하면 몸 상태를 판단하는 큰 기준이 되어 **비뇨기계의 병(만성 신장병, 방광염 등)이나 당뇨병의 조기 발견**에 큰 도움이 된다.

대변 체크

소변과 마찬가지로 **대변**도 건강의 큰 척도다. 평소에 화장실 청소를 할 때 대변의 **상태**(색, 형태, 양, 굳기, 냄새 등)를 확인하는 습관을 들이면 작은 변화도 눈치채기 쉽다. 고양이를 여러 마리 키우면 어떤 고양이의 대변인지 알 수 없는 경우도 있으므로 때로는 '스토커'가 되어 고양이가 대변 보는 모습을 관찰하다가 곧바로 확인하면 된다.

배설 시에 고양이가 화장실에 앉아 있는 시간이 길어지면 대변이 잘 안 나오는지 소변이 안 나오는지 판단하기 힘들 때도 있을 것이다. 고양이는 배설할 때 쭈그리는 자세를 취한다. 대변을 볼 때는 소변을 볼 때보다 엉덩이를 조금 더 들고 꼬리를 약간 높게 유지한 후 등을 활처럼 구부려서 등과 배를 물결치듯 떨며 배설한다.

자세를 잡기까지 시간이 오래 걸리거나, 앞다리를 꼭 화장실 틀에 올리는 등 고양이도 저마다 자기만의 버릇도 있으므로, 평소에 반려묘의 배설 자세를 알아두는 게 좋다.

고양이는 보통 하루에 1~2회 대변을 본다. 이상적인 대변은 사람의 검지 정도의 양으로 가늘고 길며 데굴데굴 구르는 느낌으로 갈색에서 진한 갈색이며 표면에 약간의 광택이 있다. 삽으로 들어 올렸을 때 부서지지 않고 딱 좋은 굳기로 촉촉하며 대변 외의 것(혈액, 소화되지 않은 이물질, 기생충 등)이 섞여 있지 않다. 혈변에는 두 종류가 있는데 붉은 혈액이 섞여 있다면 대장이나 직장 출혈, 타르변이라 불리는 거무스름한 변은 상부 소화관(위나 소장 등) 출혈을 의심할 수 있다.

대변의 상태는 식사 내용, 수분 섭취량, 개개의 소화 흡수 능력, 몸 상태, 더욱이 환경의 변화 등에 의한 스트레스에도 영향을 받는다. 대변 상태가 평소와 다를 때는 우선 **원인이 무엇인지, 짚이는 것은 없는지 생각해보자.** 소화 흡수 능력이 떨어질 때, 혹은 소화 흡수율이 나쁜 음식이나 고섬유질 음식(다이어트용 사료) 등을 먹은 후에는 대변량이 는다. 소화 불량을 일으켰을 때는 평소보다 냄새가 난다.

대변이 평소보다 굳거나 물러도 평소대로 식욕이 있고 건강해 보이면 2~3일 상태를 지켜봐도 좋지만, 상태가 심해지거나 다른 증상(혈변, 식욕 부진, 구토, 발열, 탈수 상태, 배를 만지면 싫어함 등)을 보인다면 동물병원에 데려가도록 하자. 이상이 보이는 대변은 진단하기 쉽도록 가져가면 좋다.

나이가 들면서 대장의 연동 운동 능력이 떨어지므로 **시니어기에 들어갈 무렵 고양이는 변비에 잘 걸린다.** 대변 보는 자세는 소변 보는 자세보다 관절에 부담을 주고 화장실에서 힘을 너무 빼면 체력도 소진되므로 '고작 변비'라고 얕보지 말고 초기에 집에서 할 수 있는 대책을 강구하도록 하자. 자세한 것은 3-8을 참조하기 바란다.

동물병원과 잘 소통하는 비결
~ 포인트를 정리해서 자신의 눈으로 확인한다

사람과 마찬가지로 고양이도 나이를 먹으면 병에 걸리는 일이 많아진다. 그것은 누구의 탓도 아니다. 시니어 고양이가 많이 걸리는 병에 걸렸다는 것은 그런 병이 걸릴 정도로 오래 살아주었다는 말이기도 하다.

병에 걸리면 동물병원에서 치료를 받아야 한다. 고양이의 모습이 이상해졌는데도 '조금만 더 상태를 보자.'라며 망설이거나 혹은 바쁘다는 핑계로 증상이 악화한 후 동물병원에 달려가면 고양이의 몸에 부담이 가는 치료가 필요해지는 경우도 있다. 그렇게 되지 않도록 **고양이가 건강할 때부터 가볍게 전화로 문의할 수 있는, 믿을 만한 동물병원이나 수의사를 찾아두는 것이 중요**하다.

처음 예방 접종이나 중성화 수술을 한 병원에 그냥 다니는 경우도 있겠지만 이사 등의 사정으로 새로이 동물병원을 찾아야 하는 경우도 있을 것이다.

직접 병원을 확인한다

인터넷에 올라온 의견이나 주변에 고양이를 키우는 사람이 주는 정보도 참고할 수 있겠지만, 개인적인 감정에 의한 것이나 수의사와의 상성(相性)도 있으므로 역시 (건강 검진도 겸해서) **동물병원에 직접 가서 미리 눈으로 확인**하기를 추천하고 싶다. 수의사의 지식이나 기술이 중요하다는 사실은 말할 필요도 없고, 성품이나 고양이를 대하는 법, (청결함, 스태프의 대응 등을 포함한) 동물병원 전체의 분위기 등은 실제로 그 장소에 가보지 않으면 판단할 수 없다.

좋은 동물병원을 고르는 포인트를 몇 가지 소개하겠다.

- 수의사가 열심히 공부하고 충분한 지식과 기술이 있다.
- 오감을 사용한 진료〔시진(視診), 촉진(觸診), 청진(聽診)〕나 문진(問診)을 게을리하지 않는다.
- 고양이를 능숙하게 다룬다.
- 병의 원인, 필요한 검사, 치료법(치료의 선택지나 약효, 부작용 등도), 드는 비용도 그때마다 알기 쉽게 설명해준다.
- 반려인의 이야기를 제대로 듣고 질문에 대해서도 자세하고 적확하게 대답해준다.
- 반려인의 의사를 존중한다.
- 병원이 청결하고 위생적이며 의료 설비가 어느 정도 갖춰져 있다.
- 필요하지도 않은데 입원시키지 않는다.
- 병원이 집에서 다니기 편한 곳에 있다.
- 진찰 시간 이외(긴급 시)에 대응해주거나, 혹은 대응하는 다른 병원을 소개해준다.
- 필요에 따라 전문의나 상급 의료 기관을 소개해준다.
- 요금이 명확히 제시되어 있고 과다한 진료비를 청구하지 않는다.

"고양이가 스트레스를 받는다."라는 이유로 동물병원에 데려가기를 주저하는 반려인도 많지만 **데려가지 않으면 고양이의 스트레스는 늘기만 한다.** 스트레스를 줄이기 위해 고양이만의 진료 시간 혹은 고양이 전용 대기실을 마련하는 병원, 나아가 최근에는 고양이만을 진료하는 고양이 전문 병원도 늘고 있다. 국제 고양이 수의회(ISMF)에서 제정한 고양이 진료의 다양한 기준(고양이 다루는 법이나 동물병원의 설비 등)을 충족하는 **고양이 친화 병원(Cat Friendly Clinic)**이라는 인증도, 고양이에게 친화적이고 질 좋은 고양이 의료를 제공해주는지를 판단하는 기준이 된다.

최근에는 동물 의료도 인간 의료와 마찬가지로 발달했으며 전문 분야에 대한 수요가 커지고 있다. 특정 분야의 전문 지식이 풍부한 수의사(전문 분야 인정의나 전문의)도 있고 첨단 의료 설비를 갖춘 동물병원(상급 의료 기관), 또는 그러한 병원과의 교류 시스템이 갖춰져 있는 병원도 차차 늘어날 것으로 보인다. 자기 병원에서 감당할 수 없는 경우 **필요에 따라 전문의나 다른 동물병원을 적확하게 소개해주는 병원이라면 안심**할 수 있으리라.

치료를 진행하기 위해서는 반려동물의 대리자 혹은 보호자라고도 할 수 있는 반려인과 수의사가 신뢰로 단단히 묶여 있어야 한다. 궁금한 점이나 불안한 점이 있다면 눈치 보지 말고 질문하자. 가령 인터넷으로 고양이의 투병기를 읽고 '왜 우리 고양이에게는 이런 치료를 해주지 않을까?' 하고 의문을 느꼈다면 질문하자. 같은 병이라도 동물병원에 따라 치료법이 다소 다르거나 고양이의 몸 상태에 따라 치료법이 달라질 수도 있다. 믿을 만한 수의사라면 제대로 설명해줄 것이다.

수의사와 소통하면서 '이 선생님이라면 우리 고양이 주치의로서 손색이 없겠어. 소중한 가족인 고양이의 치료를 안심하고 맡길 수 있겠어.' 하는 생각이 드는 관계가 형성된다면 더할 나위 없다.

🐾 눈치 보지 말고 세컨드 오피니언을 받는다

아무래도 받아들여지지 않는 점이 있거나 망설임이 느껴질 때는 절대 조급하게 결정할 필요 없다. **세컨드 오피니언(다른 수의사의 의견)**을 들을 수도 있다. '늘 다니던 병원 선생님이 기분 상하는 건 아닐까?' 하고 고민할 필요는 없다. 자신의 심정을 솔직하게 털어놓고 지금까지 받은 검사 결과와 치료 내용 기록을 제공받아서 세컨드 오피니언을 들을 때 지참하면 쓸데없는 검사를 할 필요도 없고 이야기가 원만하게 진행될 수 있다. 물론 늘 다니던 병원의 수의사가 전문의를 소개해줄 수도 있으므로 우선 상담해보기 바란다.

세컨드 오피니언은 반려인이 가장 수긍할 수 있는 치료 방법을 선택할 수 있도록 여러 수의사의 의견을 듣는 것이지, 담당 수의사를 못 믿어서 동물병원을 바꾸는 전원(轉院)과는 다르다.

치료가 장기전으로 가고 시간적·경제적 부담이 커질 수도 있다. 치료비가 없어서 동물병원에 못 데리고 가는 최악의 사태가 일어나지 않도록 **반려동물 보험**(신규 가입 시에는 나이 제한이 있거나 가입 당시에 치료 중인 병의 치료비는 보상되지 않는 등 조건은 보험 회사에 따라 다르므로 주의)에 가입하는 것을 검토하거나, 고양이와 함께 살기 시작했다면 매월 조금씩 **고양이 적금**을 드는 것도 추천한다. 그리고 만약 치료비가 모자라더라도 할부를 요청하거나 지급 기한을 연장하는 등의 해결책이 없는지 상담해보자.

'고양이 친화 병원' 인증 로고. 캣 프렌들리 클리닉.

일러스트 제공 : isfm

1년에 한 번 건강 검진을 추천하는 이유
~ 이상이 있어도 조기 치료 가능

건강 검진이나 정기 검진 등으로 정기적으로 건강 체크를 하는 사람이 있는가 하면 건강 검진 등을 하지 않고 '상태가 나빠지면 병원에 가면 된다.'라고 생각하는 사람도 있다. 인간 건강 검진의 유효성을 둘러싸고 찬반양론이 있듯, 반려동물에 대한 건강 검진을 대하는 생각도 가지가지다. 다만 인간은 스스로 선택할 수 있지만 반려동물은 반려인의 결단에 전적으로 맡겨야 한다.

'고양이가 스트레스를 받으면 불쌍하므로 동물병원에는 가능한 한 데려가고 싶지 않다.'라고 생각하는 반려인의 마음은 이해하지만, 건강 검진은 **현재 고양이의 몸에 대한 정보를 얻어서 건강 상태를 평가하는 중요한 역할**을 한다. 건강 상태에도 개묘차가 있다. 고양이가 건강할 때 검사한 수치를 파악해두고 고양이의 몸에 이상이 있을 때 검사한 결과와 비교하는 것에 큰 의미가 있다.

가령 혈액 검사에서는 각각의 검사 항목에 **참고 기준치**가 있는데 기준치에는 꽤 폭이 있어서 기준 범위 내에서 다소 벗어나도 그 고양이에게는 그것이 '정상'이거나, 실제로 병이지만 검사 결과가 아슬아슬하게 기준치 안일 가능성도 있다.

또한 검사 종류에 따라서는 스트레스의 영향으로 수치가 상승하는 일도 있으므로 평소 건강할 때 검사한 적이 없다면 '스트레스 때문에 검사 수치가 올라갔는지' 아니면 '평소에 수치가 높은 편인지', '병에 걸린 것인지'를 판단하기 어렵다. 이럴 때 평소에도 수치가 높다는 사실을 알고 있다면 불필요한 검사를 받지 않을 수도 있다.

고양이는 좀처럼 병의 신호나 통증을 겉으로 드러내지 않는 **참을성**

강한 생물이다. 따라서 검사는 고양이의 건강 상태를 평가하고 병의 예방·조기 발견에 무척 도움이 된다. 언뜻 건강하게 보여도 신체검사나 혈액 검사를 해야만 파악할 수 있는 병도 많기 때문이다. 증상이 현저하게 드러났을 때는 병이 이미 진행된 경우도 적지 않다.

집에서 하는 건강 체크도 병행하면서 고양이도 중년기에 들어갈 무렵부터는 적어도 **1년에 한 번** 병원에서 정기 검진을 받는 것이 좋다. 평소에 신경 쓰이던 것을 수의사와 상담하는 좋은 기회이기도 하다. 아무 이상 없다는 사실을 알면 안심도 되고 이상이 발견되면 조속히 대처함으로써 고양이의 **삶의 질**(QOL : Quality Of Life) **향상**을 기대할 수 있다.

검사 항목에 규정은 없지만 7세 이상의 고양이 건강 검진에서는 일반적인 신체검사(문진, 시진, 촉진, 체온·몸무게 측정 등), 소변 검사, 갑상선 호르몬 수치를 포함한 혈액 검사, 혈압 측정을 시행하는 것이 일반적이다. 이들 결과나 고양이의 건강 상태에 따라 2차 검사(엑스레이 검사, 초음파 검사, 심장 초음파 검사 등)가 필요할 수도 있다. 고양이의 나이나 성격, 건강 상태나 몸에 주는 부담, 반려인의 경제적 상황도 고려하면서 담당 수의사와 상담하여 결정하자. 검사 내용과 비용은 동물병원에 따라 다르므로 미리 알아두면 좋다. 혈액 검사 결과는 복사해서 집에 가져와 보관하여 고양이의 건강 관리에 활용하자.

혈액 검사

건강 검진 시 건강할 때 검사 수치를 알아두는 것이 중요하다. 언뜻 건강해 보여도 혈액 검사를 하지 않으면 알 수 없는 것이 많다.

2-6 동물병원에 데려가는 비결
~ 이동장에 익숙해지게 만든다

사람이 병원에 갈 때 불안을 느끼는 것과 마찬가지로, 동물병원에 데리고 가는 것을 좋아하는 고양이는 일단 없다. 하지만 정기적으로(건강검진 등으로) 동물병원에 데려가 버릇한 고양이는 '동물병원에 가더라도 금방 집에 돌아온다는 것'을 안다. 그래서 어지간히 싫은 기억이 없는 한은 동물병원에 가는 것을 그다지 거부하지 않는다.

고양이에게 스트레스를 많이 주지 않도록 배려하는 동물병원이 있다는 사실은 **2-4**에서 말했다. 동시에 동물병원에 가기 전에도 가능한 한 스트레스를 주지 않도록 살뜰히 챙기는 것도 중요하다. 반려인이 "오늘은 동물병원 가는 날이야!"라고 너무 의욕을 보이면 고양이는 **평소와는 다른 기색을 눈치채고 도망칠 준비**를 할 수도 있다.

우선은 **이동장에 익숙해지기**부터 시작하자. 이동장은 동물병원에 데려갈 때뿐 아니라 재해가 일어났거나 다른 곳에 고양이를 맡길 때도 유용하다. 이동장에는 다양한 종류가 있지만 크기는 고양이가 안에서 한 바퀴 돌 수 있을 정도의 여유가 있다면 충분하다. 소재는 손쉽게 씻어서 청결하게 유지할 수 있는 단단한 플라스틱 이동장이 좋다. 반려인이 다루기 쉽고(들기 쉽고) 위아래로 열리며 앞에도 문이 달린 이동장이라면 동물병원에서 진료를 받을 때도 편하다.

이동장을 은근슬쩍 방 안에 두고 고양이가 좋아하는 수건 등을 깔거나 장난감을 넣거나 간식을 두는 등 고양이가 편안하게 쉴 수 있도록 **평소부터 익숙해지게 만들자.** 기본적으로 이동장의 문은 열어두되, 문을 닫아도 패닉에 빠지지 않고 문을 여닫아도 편안하게 있도록 연습해두면 좋다.

고양이는 동물병원에서 진찰받을 때는 이동장에서 좀처럼 나오려고 하지 않으며, 검사나 치료가 끝나면 재빨리 이동장으로 들어가버린다. 안심할 수 있는 장소라는 것을 알기 때문이다.

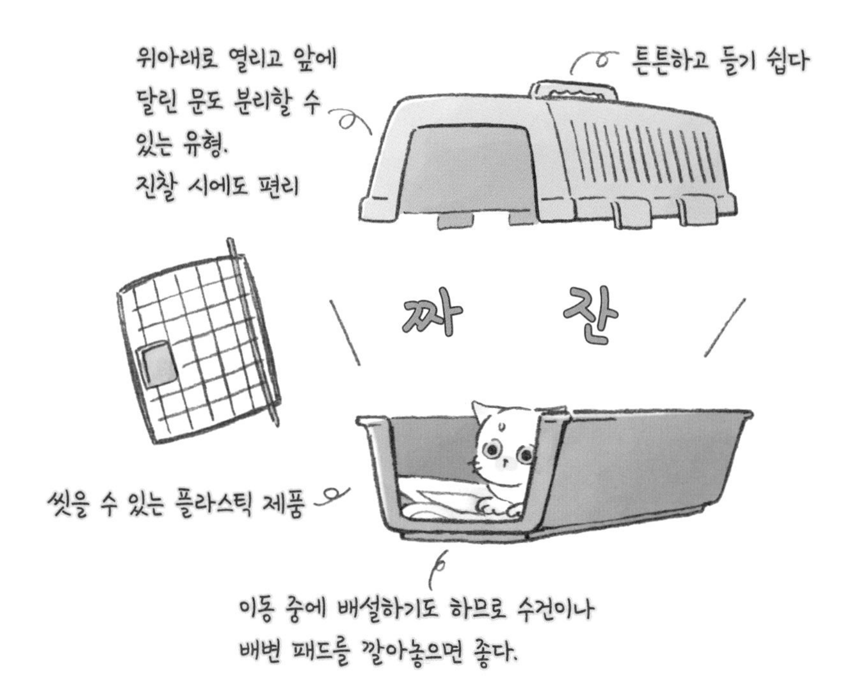

이동장은 평소에 편안하게 지낼 수 있는 장소로 만들어둔다. 앞에도 문이 달려 있고 위아래로도 열리는 유형이라면 간단한 검사는 고양이가 이동장에 들어 있는 채로도 OK.

🐾 '차 타는 건 즐거운 일'이라고 학습시킨다

차를 타고 이동할 때 고양이가 불안해서 계속 울거나 대소변 실수를 할 수도 있다. 이때 소리 내어 혼내거나 불안한 기색으로 달래면 오히려 고양이의 불안을 더 부채질하게 된다. 되도록 말을 걸지 말고 어디까지나 **차분하고 편안한 태도**로 대하자. 조용한 음악을 틀어주면 안정 효과를 줄 수도 있다.

차에 타기만 하면 패닉에 빠지는 고양이에게는 **차 타는 건 싫은 일이 아니라는 사실을 알 수 있도록 연습**해두면 좋다. 고양이를 이동장에 넣고 짧은 시간(30초 정도부터) 차에 태웠다가 집으로 데려가 좋아하는 간식을 주거나 쓰다듬어주며 칭찬한다.—이것을 시간이 있을 때 반복한다. 그리고 차에 태우는 시간을 조금씩 늘린다.

또 고양이의 얼굴에서 분비되는 페로몬(F3 성분)과 비슷한 화합물을 배합한 **펠리웨이(Feliway)**라는 제품에는 스트레스를 경감하고 고양이를 안정시키는 효과가 있다. 효과는 개묘차가 있지만 출발하기 20분 정도 전(고양이를 넣기 전)에 이동장에 넣은 수건에 뿌려두면 좋다.

동물병원에 도착하면 가능한 한 진동이 없도록 이동장을 안정적으로 들고, 대기실에서는 (의자 등) **조금 높은 장소**에 두면 고양이가 더 안심할 수 있다. 겁이 많은 고양이라면 평소에 사용하는 수건 등으로 이동장을 덮어두면 더욱 좋다.

집으로 왕진을 와주는 수의사도 있지만 고양이는 집보다는 동물병원에서 의외로 얌전하다. 누구에게나 잘 다가가는 개냥이라면 문제없지만 손님이 오면 숨어서 나오지 않는 겁 많은 고양이의 경우 안심할 수 있는 자신의 영역에서 억지로 끌려 나오면 간단한 검사인데도 큰 스트레스를 받아서 더 겁 많은 성격이 될 수도 있다. 집(자신의 영역)은 어디까지나 동물병원에서 돌아와 '한숨 놓을 수 있는' 장소여야 한다.

이동 중에는 급정거 등으로
굴러떨어지지 않도록
안전벨트를 잊지 않고 채운다.

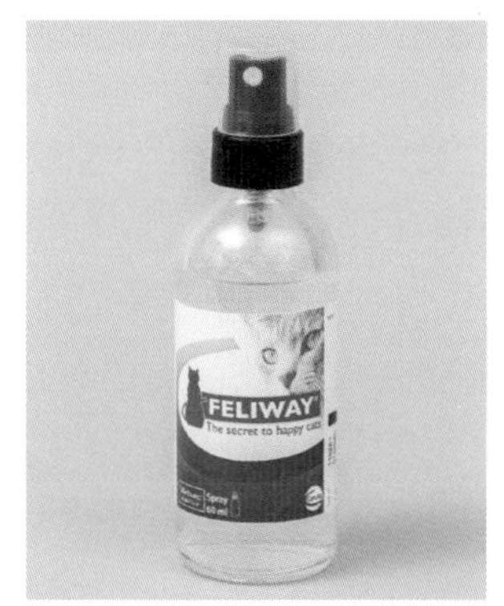

펠리웨이 스프레이. 이동장에 펠리웨이를 뿌려두면 안정 효과를 기대할 수 있다. 펠리웨이 스프레이는 동물병원이나 인터넷 등에서 구입할 수 있다(3,000엔 전후).

대기실에서는 바닥보다 조금 높은 장소에
두는 편이 더 안정감을 느낀다.

겁이 많은 고양이라면
평소 사용하는 수건 등으로
이동장을 덮어둔다.

병의 신호를 놓치지 않는다

~ '미묘한 변화'는 반려인만이 알 수 있다

'나이 먹는 것'은 '병에 걸리는 것'이 아니다. 하지만 사람과 마찬가지로 고양이도 나이를 먹으면 장기의 기능이나 면역력이 서서히 떨어져서 병에 자주 걸리게 된다. 특히 만성 질환에 쉽게 노출되어 여러 질병에 한꺼번에 걸리는 경우도 드물지 않다.

평소 활동적인 젊은 고양이가 갑자기 가만히 웅크리고 있다면 변화를 눈치채기 쉬울 것이다. 하지만 나이 먹은 고양이는 자는 시간이 길고 잘 움직이지 않기에 '나이가 들어서 그렇겠지.'라고 생각하게 되어 변화를 눈치채기 어렵다.

또한 겉보기에 명백한 증상(가령 "갑자기 일어서지 못한다.", "볼이 붓고 피가 난다." 등)이라면 반려인은 서둘러 고양이를 동물병원으로 데려가겠지만 만성 질환의 증상은 "잘 움직이지 않는다.", "몸무게가 줄었다.", "식욕이 떨어졌다." 등 **노화의 신호인지 병의 신호인지 구별하기 어려운 것**도 사실이다.

앞서 노화에 따른 고양이의 행동 변화 중 "고양이를 보기가 힘들다."라는 말을 했는데 고양이가 눈에 띄는 일이 현저히 줄어들고 나서야 비로소 "우리 고양이가 이상해." 하고 눈치채는 경우도 많다.

'평소와 다른 모습'에 주의하자

집에서 하는 건강 체크나 동물병원에서 받는 건강 검진이 중요하다는 사실은 말했지만, 무엇보다도 **함께 사는 반려인이 평소에 고양이를 세심히 관찰하는 것은 질병의 조기 발견**으로 이어진다.

질병의 신호는 우선 겉모습이나 행동의 변화로 나타난다. 이때, 미묘한 변화를 눈치챌 수 있는 사람은 고양이와 함께 생활하는 반려인뿐이다. '평소와 다르다.'라고 느꼈다면 사소한 것이라도 다니는 동물병원에 상담하자. 곧바로 병원에 못 간다 해도 전화 문의로 불안이 해소될 수도 있기 때문이다.

당연하지만, 동물병원에서 검사한 후 정확한 진단이 나와야 비로소 병의 치료 방법이나 예후의 전망 등을 세울 수 있다. 치료할 때에는 이상 증상을 완화하고 가능한 한 고통을 줄여서 고양이의 삶의 질을 유지하는 것을 최우선에 둔다. 또한 고양이 자신의 자기 치유 능력(생명력)을 존중하면서, 가능한 범위에서 그때그때에 최적의 치료 방법을 담당 수의사와 함께 결정한다.

반려인은 고양이가 병에 걸리면 당연히 불안할 것이다. 하지만 반려인이 너무 어두운 표정을 짓고 있으면 고양이에게도 그 마음이 전해진다. 너무 혼자서 끙끙대지 말고 가족, 혹은 고양이를 키우는 친구들과 대화하거나 가끔은 기분 전환을 통해 스트레스를 해소하는 것도 중요하다.

다음 장에서는 특히 시니어 고양이에게 많은 병을 소개하고 그 증상과 치료법 등에 대해서 알기 쉽게 설명하려 한다. **예비지식이 있다면 병을 조기에 발견할 확률이 커진다.** 또한 동물병원에서 설명을 들을 때에도 머릿속에 잘 들어오고 질문하고 싶은 내용 등을 정리할 수 있을 것이다.

[그림] 병의 조기 발견

포인트 1	포인트 2	포인트 3
반려인의 매일매일의 세심한 관찰	집에서 하는 건강 체크	동물병원에서 하는 건강 체크

'다묘'를 들이라고 추천하는 이유

독일에서 고양이를 들일 때는 보통 티어하임(Tierheim)이라 불리는 동물 보호 시설, 혹은 브리더(Breeder : 전문 번식자)를 통하거나 인터넷 게시판 등을 이용한다. 새끼 고양이는 보통 생후 12주까지 부모, 형제 고양이와 함께 생활한 후 입양되는데 입양 조건으로 '고양이 한 마리만 있게 되는 곳은 안 됨', 특히 새끼 고양이를 (여러 마리 중에서) 입양 보낼 때는 '두 마리 이상 함께' 혹은 '현재 고양이가 있는 집만 가능'이라는 조건이 붙는 일이 많아졌다.

고양이는 단독 행동을 하므로 '사회성이 떨어진다.'라고 여겨졌지만, 최근에는 **여러 마리 입양**을 추천한다. 고양이가 사람과 함께 살아가면서, 사람이나 다른 고양이와 공동생활을 할 수 있는 사회성 있는 동물이라는 사실을 알게 된 것이 가장 큰 이유다. 또한, 반려인의 생활 스타일이 바뀐 것(1인 가구나 완전 실내 사육 증가)도 크게 영향을 주었다. 고양이끼리 어울리면 **고양이의 행동 욕구**를 더욱 충족할 수 있다.

여러 마리를 키우면 고양이 한 마리 한 마리의 성격 차이에 놀라기도 하고 고양이끼리 어울리며 보이는 모습에 생각지도 못한 순간 마음이 부드러워지는 일이 잦다. 물론 반려인의 주택 사정이나 생활 스타일, 다묘 생활의 장단점을 충분히 고려한 후 결정해야 한다.

지금까지 오랫동안 혼자 살아온 고양이가 있을 때 다른 고양이를 들이는 것은 추천하지 않지만 앞으로 새끼 고양이(특히 형제자매 고양이 중에서) 입양을 고려하고 있다면 가능한 한 두 마리를 함께 입양하는 것을 꼭 검토해보자. 물론 고양이가 많아지면 비용이나 책임도 커지지만 고양이와 반려인의 행복도는 그 이상으로 커질 테니까.

제 3 장

시니어 고양이가 걸리기 쉬운 질병

만성 신장병

~ 조기 치료로 병의 진행을 막는다

어떤 병인가?

만성 신장병은 모든 연령에서 발병하지만 7세를 넘길 무렵부터 발병률이 급격히 치솟는다. 7~10세에서는 약 12%, 10~15세에서는 30% 이상의 고양이가 만성 신장병이라는 보고가 있을 정도로 **시니어 고양이의 대표적인 병 중 하나**로 꼽힌다.

고양이의 조상은 원래 사막 출신으로, 물이 적은 환경에서 살아남기 위해 필요한 수분량 대부분을 사냥감의 몸에서 섭취했다. 또한 고양이의 몸은 체내의 수분을 낭비하지 않기 위해, 가능한 한 수분을 재흡수해서 소량의 농축된 소변을 만드는 구조다. 혈액을 여과하여 소변을 만드는 신장의 구조 단위를 **네프론**이라 하는데, 고양이는 한 개의 신장에 약 20만 개(개는 40만 개, 인간은 100만 개 정도)의 네프론이 있다. 적은 수의 네프론으로 밀도 높은 일을 해내야 하기에 고양이의 신장에는 부담이 갈 수밖에 없고 나이를 먹으면 손상을 입은 네프론의 수가 증가한다. 고양이가 신장병에 잘 걸리는 이유를 이것으로 추측하고 있다.

네프론은 모세 혈관이 털실처럼 엉킨 **사구체**, 그것을 감싸는 **보먼주머니**라는 주머니와 세뇨관으로 이루어져 있다. 혈액 중 필요한 것만 남기고 노폐물 등 불필요한 성분을 여과하여 **원뇨**를 생성하는데 다시 원뇨 안에 남아 있는 필요한 성분과 수분은 세뇨관에서 재흡수한다. 이 과정에서 끝까지 남은 노폐물이 소변으로 배설되는 것이다. 이처럼 신장은 소변을 만들고 불필요한 노폐물이나 필요 이상의 수분을 배설하고 몸의 수분이나 전해질(나트륨, 칼륨, 칼슘, 인 등)의 양을 일정하게 조정한다. 그 밖에도 혈압을 조절하고 적혈구를 만드는 호르몬을 분비하며 비타민D를 활성화하는 등의 역할을 한다.

만성 신장병의 원인으로는, 다양한 이유에 의한 신장 부위의 염증(신염), 신장 독성 물질에 의한 신장 장애, 바이러스 감염(고양이 모르빌리바이러스, 고양이 파라믹소바이러스), 치주병과의 관련성 등이 지목되고 있으나 아직 정확한 원인은 밝혀지지 않았다. 고양이 종 중에는 샴고양이, 아비시니아고양이, 페르시아고양이, 버마고양이, 메인쿤 등이 **선천적인 신장 질환에 의한 만성 신장병의 위험이 높다**고 보고되었다.

신장 기능 저하가 3개월 이상 지속되는 상태를 **만성 신장병**, 병이 더

시니어 고양이가 걸리는 대표적인 병 중 하나가 '만성 신장병'

신장은 네프론이라는 구조의 집합체.
네프론이 손상을 입으면 신장 기능이 떨어진다.

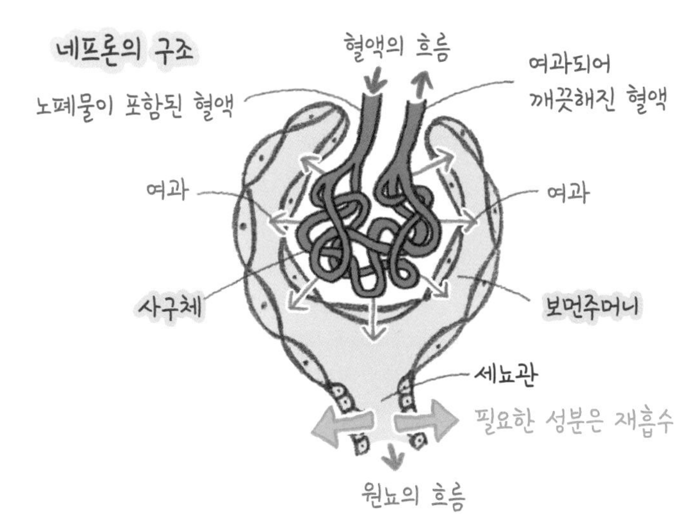

네프론은 고칠 수도 없고, 새로 만들어지지도 않는다.
치료는 증상의 완화와 병의 진행을 가능한 한 늦추는 것뿐.

혈액에 포함된 노폐물을 사구체에서 여과한다. 보먼주머니에 쌓인 노폐물이 포함된 소변의 원료가 되는 원뇨가 세뇨관을 지날 때 원뇨에 남아 있는 필요한 성분을 몸 안으로 재흡수하고 노폐물이 포함된 마지막에 남은 액체가 농축되어 소변으로 배출된다.

욱 진행되어 신장의 기능이 현저하게 저하된 상태를 **만성 신부전**이라고 한다. 네프론의 일부가 손상되어도 신장 기능에는 큰 예비력이 갖추어져 있어서 만성 신장병은 천천히 진행되다 **신장 기능이 떨어져 정상 시의 3분의 1정도만 기능을 할 때쯤 다양한 지장**이 나타나기 시작한다.

자주 나타나는 증상은?

증상 대부분은 표의 2~3단계에 들어서부터 현저하게 나타난다.

- 다음/다뇨 • 식욕 부진 • 체중 감소 • 구토 • 설사/변비 • 탈수
- 근력 저하(앞다리를 전다, 목이 내려간 자세를 취한다) • 치주병(구취)
- 구강 내 점막이 창백하다. • 털에 윤기가 없고 털이 푸석푸석하다.
- 기운이 없다(별로 움직이지 않는다). • 경련 발작(말기)

진단 방법은?

신장 기능이 저하하면 원래 보존되어야 할 물질(단백질, 포도당 등)이 소변으로 빠져나가고 배설되어야 할 물질(크레아티닌, 요소질소, 인 등)이 배설되지 않고 혈액 속에 축적된다. 이것을 평가하기 위해서 우선 **소변 검사**와 **혈액 검사**를 한다.

소변 검사에서는 요단백(요중단백/크레아티닌 비율*)이나 요비중의 저하(2-3 참조)가 중요한 지표다. 신장의 여과 기능(네프론 사구체가 단위 시간당 여과하는 양)을 평가하는 GFR(Glomerular Filtration Rate : 사구체 여과율) 검사는 여러 번 채혈해야 해서 고양이에게 부담을 주므로 무조건 시행하지는 않는다. 대신 혈액 검사에서 GFR와 상관관계가 있는 수치를 평가한다. 일반적으로 혈중 크레아티닌(Cre)이나 요소질소(BUN)의 농도가 이에 해당하지만, 크레아티닌은 근육량, 요소질소는 단백질 섭취량이나 간 기능에도 영향을 받으며, 신장 기능이 정상

* 〈저자 주〉 요중단백/크레아티닌 비율은 1일 요단백량에 해당.

시의 25~30%로 떨어진 시점에서 상승한다.

최근에는 시스타틴 C(Cystatin C)나 대칭적 디메틸아르기닌(SDMA) 등의 검사 항목을 통해 더욱 조기 단계에 신장 기능 이상을 발견할 수 있다고 여겨지고 있다. 이 중 SDMA는 신장 기능이 약 60%로 저하된 시점(1단계)에서 상승하므로 신장 기능 저하의 조기 발견에 일조한다고 기대되고 있으며 2016년부터 검사가 가능해졌다.

그 밖에는 영상 검사(엑스레이 검사나 초음파 검사)로 신장의 형태나 구조의 이상을 보거나, 혈압 측정(3-9 참조)을 하기도 한다. 신장 기능이 떨어지면 사구체에 가해지는 압력(혈압)을 올려서 여과 기능을 상승시키려 하기 때문이다. 최종적으로는 임상 증상과 모든 검사 결과를 토대로 종합적으로 판단한다.

[표] 고양이의 만성 신장병의 단계 분류

단계 분류	① 만성 신장병 초기	② 초기 신부전	③ 요독증성 신부전	④ 말기 신부전
잔존하는 신장 기능(%)	33~100	25~33	10~25	0~10
자주 나타나는 증상		다음 · 다뇨, 구토 · 식욕 부진, 몸무게 감소	원기 소실, 빈혈	
고질소 혈증※	없음	경도	중등도	중도(重度)
혈중 크레아티닌 농도 (mg/dl)	<1.6	1.6~2.8	2.9~5.0	>5.0
요중단백/크레아티닌 비율	<0.2	0.2~0.4	>0.4	
수축기 혈압 (최고 혈압, mmHg)	<150	150~159	160~179	>180
그 외 임상 증상 및 합병증	요농축 기능 저하(요비중이 내려감), 단백뇨, 신장의 촉진(觸診)/영상 검사에 이상이 나타남	저칼륨 혈증, 부갑상선 기능 항진증,	요독증성 위염, 빈혈, 대사성 산성 혈액증, 뼈 통증	
위험도	최소 위험	저위험	중등도 위험	고위험

※ 고질소 혈증 : 혈중 크레아티닌이나 요소질소 수치가 정상 범위보다 상승한 상태.
참조 : 국제 수의신장병 연구그룹〔IRIS : International Renal Interest Society(2013)〕

치료법은?

손상된 네프론은 재생되지 않으므로, 치료의 목적은 증상을 완화하고 식욕을 안정시키며 병의 진행을 최대한 늦추는 것이다. 정기적인 검사로 전신의 상태를 보면서 식이 요법, 수분 보충, 투약 등을 병행한다. 단백뇨, 혈장 크레아티닌 농도의 상승, 고혈압이나 몸무게 감소는 만성 신장병을 악화시키는 위험 인자로 간주되므로 이것을 막는 데 중점을 둔다.

우선은 **처방식**과 **충분한 수분 섭취**다. 만성 신장병의 처방식은 인과 단백질량이 제한되며, 적절한 단백질 제한은 네프론의 파괴를 촉진하는 단백뇨의 경감, 그리고 체내 단백 대사 노폐물 축적을 줄여서 고질소 혈증 경감으로 이어진다. 처방식은 그 밖에도 나트륨의 제한, 높은 소화성, 항산화 물질(비타민C, 비타민E, 베타카로틴 등), 오메가 3 지방산, 칼륨이나 비타민B군 강화 등 신장을 보호하도록 만들어져 있다. 만성 신장병 진단을 받고 2~3단계 상태에서 처방식을 먹은 고양이가 일반적인 종합 영양식을 먹은 고양이에 비해 생존 기간이 길었다(약 2배)는 조사 결과도 있다.

그러나 최고의 처방식을 제공해도 고양이가 먹지 않으면 소용이 없다. 또한, 억지로 처방식을 먹이려다가 정작 고양이가 식욕을 잃게 만든다면 무슨 의미가 있겠는가. 신장병 처방식은 여러 회사에서 나와 있으므로 **고양이의 기호에 맞는 것**을 찾도록 하자. 고양이가 먹지 않는다면 4-5를 참고하기 바란다.

신장 기능이 떨어지면 수분을 재흡수하는 능력도 떨어지기에 '다뇨' 현상이 나타나며 그것을 보충하기 위해 고양이는 물을 많이 마시게 된다. 탈수 상태는 만성 신장병을 악화시키므로 고양이가 언제나 신선한 물을 마실 수 있도록 세심하게 신경 쓰자. 처방식에는 건식과 습식이 있는데, 건식이라면 따뜻한 물에 불려서 주면 좋다. **고양이가 잘 먹는다면 수분이 많이 포함된 습식 사료를 주는 것**이 좋다. 4-6도 참조하기 바란다.

심각한 탈수 상태가 확인되었다면 동물병원에서 정맥 수액이나 피하 수액으로 수분 보충과 전해질 균형을 조정한다. 피하 수액은 반려인이 수의사에게 설명을 듣고 집에서 할 수도 있다(5-6 참조).

항상성을 유지한다

만성 신장병의 경우 혈압의 칼륨 농도가 내려가는 저칼륨 혈증에 걸리는 고양이가 많으며 근력 저하(앞다리를 탁탁 턴다, 고개가 내려간 자세를 취한다) 등의 증상이 나타나는 경우가 있으므로 **칼륨 섭취량을 조절**해야 한다. 신장의 부담을 줄이기 위해 혈압을 조절하는 약〔세민트라(Semintra)나 포르테코(Fortekor) 등〕을 사용하는 경우도 있다. 2017년에 고양이 만성 신장병 치료약으로 일본에서 출시된 **라프로스**(Rapros)는 혈관 확장이나 만성 염증을 억제함으로써 신장 기능 저하를 억제하는 효과가 있다고 기대되고 있다. 새로운 약이므로 데이터가 적기 때문에 향후 보고에 주목해야 하겠다.

혈액 중의 인의 농도가 떨어지지 않는다면 식사 중에 포함되는 인을 장 등의 소화관에서 흡착해서 변과 함께 배설시키는 **인 흡착제**〔렌지아렌(Lenziaren), 카리나르1(カリナール®1) 등의 건강 보조 식품〕가 있다. 코발진(Covalzin)은, 일본에서 인간용 만성 신부전의 진행을 늦추는 약으로 개발된 약인 크레메진(Kremezin)과 같은 성분의, 고양이용 활성탄 흡착제다. 장내에서 노폐물(유해 물질)을 흡착하여 변과 함께 배설시키는 효과가 있다. 서양에서는 사용하지 않는다. 식물성 활성탄인 네프가드(Nefguard)는 반려동물용 건강 보조 식품이다. 2016년부터 일본에서 구입 가능해진 **이파키틴**(Ipakitin)이라는 건강 보조 식품은 음식 속 인과 노폐물을 소화관 안에서 흡착하는 효과가 있다.* 독일에서는 다

* 〈역자 주〉한국에는 이파키틴, 아조딜(Azodyl)이라는 제품이 있다.

른 치료와 병행하여 여러 종류의 호모톡시콜로지 제제를 조합해서 투여하는 '호모톡시콜로지(Homotoxicology)*'라는 대체 요법도 적극적으로 쓰이고 있다

그 외에도 신장 기능 장애에 의한 합병증(빈혈, 신성 부갑상선 기능 항진증, 요독증성 위염, 대사성 산성혈증)의 예방과 치료도 필요에 따라 행한다. 수많은 약과 건강 보조 식품이 있지만 무조건 증상만 완화한다고 좋은 것은 아니다. 고양이의 상태를 살피면서 **체내 전체 균형(항상성), 그리고 고통이나 불쾌감이 없는 생활**을 유지하기 위한 균형 잡힌 치료를 목표로 하는 것이 가장 중요하다.

고양이에게 쌓인 노폐물을 복강 내에서 제거하는 요법으로 특별한 투석 기기가 필요 없는 **복막 투석**을 시술하는 동물병원도 있다. 나아가 인간 의료에서 시행되는 인공 투석(혈액 투석)과 같은 설비가 있는 동물병원이나 신장 이식(건강한 고양이에게 신장을 하나 제공받는다)을 시행하는 동물병원도 있다고 한다. 사고방식이야 저마다 다르겠지만 비싼 비용을 차치하고서라도, 신장 이식에 관해서는 윤리적 문제가 제기되는 부분이다.

만성 신장병은 시니어 고양이가 많이 걸리는 병이므로 반려인이 평상시부터 고양이의 상태(다음·다뇨 등)에 주의를 기울이고 집에서도 **소변 체크**(2-3 참조)와 **몸무게 체크를 하는 것이 병의 조기 발견**으로도 이어진다. 신장 기능의 저하에 의해 신장의 당배설 역치(3-2 참조)가 떨어져서 정상 혈당치라 하더라도 당이 소변 속에 섞여 나올 수도 있다.

집에서 하는 소변 검사지 검사(한 번이 아니라 여러 번 검사)에서 단백질이나 포도당이 검출되거나 요비중 검사에서 요비중이 내려가거

* 〈역자 주〉독일의 한스 하인리히 레커베크(Hans-Heinrich Reckeweg) 박사가 창시한 의학 이론에 따라 독일 힐(Heel) 사에서 만든 주사약 및 내복약 등을 사용해 치료하는 요법.

나(1.035 이하) 하는 경향이 있다면 동물병원에 문의하자.

물론 동물병원에서 1년에 한 번 정기 검진(소변 검사, 혈액 검사, 혈압 측정)을 받는 것이 가능하다면 더할 나위 없다. 이미 고양이가 식욕이 없고 비쩍 마르고 활력이 없는 상태가 되었다면 할 수 있는 치료가 한정되므로 조기에 치료를 시작하는 것이 중요하다.

① 처방식(신장을 보호하도록 만들어진 사료) 먹이기

② 탈수 상태의 완화(물을 여러 곳에 놓아주거나 상태에 따라서는 수액 치료를 한다)

③ 흡착제로 인이나 노폐물 배출

④ 합병증(고혈압, 빈혈, 저칼륨 혈증 등)의 예방과 치료

⑤ 정기적인 검사로 경과 관찰

만성 신장병 치료를 정리했다. 처방식과 수분 보충이 중요한 포인트다.

당뇨병
~ 식이 요법과 인슐린 요법이 치료의 '양대 축'

어떤 병인가?

당뇨병은 갑상선 기능 항진증(3-3 참조)과 함께 현재 중년~시니어 고양이에게 가장 많은 내분비계 질환으로 꼽힌다. 통계에 따르면 당뇨병의 발병 위험이 큰 조건은 나이는 7세 이상(절정은 10~12세), 비만 고양이(위험 4배!), 성별은 수컷이라고 보고되고 있다.

포도당(글루코스)은 신체의 중요한 에너지원으로, 혈액에 포함되어 몸 구석구석의 세포로 보내지고 세포 내에서 에너지로 사용된다. 혈중 포도당 농도(혈당치)를 일정량으로 유지하는 열쇠를 쥔 것이 **인슐린**이라는 호르몬이다.

췌장의 베타(β)세포로 만들어지는 인슐린은 혈당치가 높아지면 그것을 재빨리 알아채고 세포막에 있는 인슐린 수용체와 결합하여 세포 속에 포도당을 집어넣거나 남아도는 포도당을 간, 근육, 지방 조직에 비축하기도 함으로써 혈당치를 일정량으로 유지한다. 분비되는 인슐린 양이 적어지거나 분비되어도 제대로 작용하지 않아 혈당치가 높은 상태가 이어지는 질환을 **당뇨병**이라 한다.

췌장의 베타 세포에 이상이 생겨 인슐린 분비가 부족해지는 경우를 **1형 당뇨병**, 인슐린 분비 부족에 더해 인슐린이 표적으로 삼는 세포의 수용체에 충분히 작용하지 않아(=인슐린 저항성이 발생하여) 혈당치가 내려가지 않는 경우를 **2형 당뇨병**으로 분류한다. 인슐린 저항성의 원인으로는 유전적 요인(버마고양이, 메인쿤, 러시안블루, 샴고양이가 다른 종보다 많다)과 비만, 운동 부족 등의 환경적 요인이 꼽힌다. 고양이는 1형 당뇨병은 드물며 2형 당뇨병이 전체의 70% 이상을 차지한다.

그 외에도 1형에도 2형에도 속하지 않는 다른 병, 가령 췌장염, 췌장 종양, 부신피질 기능 항진증, 말단 비대증(성장 호르몬 과잉 분비에 의한 질환)이나 스테로이드제 투여가 원인이 되어 2차적으로 당뇨병이 발생하는 일도 있다.

당뇨병에 걸리면 에너지원인 포도당이 충분히 있는데도 몸의 세포 안으로 흡수되지 않아서 세포는 에너지 부족에 빠진다. 혈당치가 높은 상태가 이어지면 혈당(혈중 포도당)은 췌장의 베타 세포에 대해 독성을 드러내고(당독성), 베타 세포의 세포군에는 **아밀로이드**라는 이상 단백질이 축적되어 그 결과 베타 세포가 손상을 입어 점점 인슐린 분비가 곤란해진다.

고혈당 상태가 장기화하면 몸은 포도당 대신 근육이나 지방에서 에너지를 조달하려고 하며, 지방이나 근육의 분해가 일어나 **먹어도 살이 빠지는 현상**이 나타난다. 또한 분해된 근육의 아미노산은 포도당으로 바뀌어 혈당이 상승하는 악순환에 빠진다.

또한, 분해된 지방에서 **케톤체**라는 물질이 대용 에너지원으로 생성되며, 약산성인 케톤체가 혈액 중에 많아지면 **케톤산증**(Ketoacidosis)이라는 매우 위험한 상태가 된다.

건강한 상태에서는 인슐린이 세포의 수용체에 작용하여 포도당(글루코스)이 세포 안으로 들어가 에너지가 된다. 1형 당뇨병은 인슐린의 분비가 부족하다. 2형 당뇨병은 거기에 더해 인슐린이 세포의 수용체에 충분히 작용하지 않게 된다.

🐾 자주 나타나는 증상은?

- 다음/다뇨
- 식욕 증가
- 몸무게 감소, 근육 감소(잘 먹는데도)
- 털에 윤기가 없다.
- 신경 장애(뒷다리 뒤꿈치를 지면에 대고 걷는다)

병이 더욱 진행하면 **당뇨병성 케톤산증**으로 발전하여 다음과 같은 증상이 나타나기도 한다.

- 식욕 부진
- 구토
- 설사
- 탈수 상태
- 원기 소실
- 저체온
- 발작
- 혼수

🐾 진단 방법은?

증상과 **혈액 검사, 소변 검사**로 대부분 진단 가능하다. 혈액 검사에서는 공복 시의 혈당치가 높은 상태(200mg/dl 이상)가 계속된다(기준 참고치는 70~150mg/dl). 동시에 간 질환 지표가 되는 수치(ALP, ALT=GPT, 총 콜레스테롤 수치 등)도 상승하는 일이 많다.

그러나 단순히 "혈당치가 높다."라는 것만으로 당뇨병으로 진단할 수는 없다. 혈당치는 측정 시의 순간적인 수치를 나타내며, 고양이는 스트레스나 식이의 영향을 쉽게 받으므로 당뇨병이 아니라도 높은 혈당치(스트레스성 고혈당으로 500mg/dl 가까이까지 상승하는 경우도 있다!)를 나타내는 일이 있기 때문이다.

따라서 진단이 어려운 경우에는 스트레스가 없는 상태에서 혈당치를 다시 측정하거나 일시적인 스트레스성 고혈당의 영향을 받지 않는 지난 1~3주간의 평균 혈당치를 반영하는 혈중 프룩토사민(Fruc-

당뇨병 특유의 말초 신경증에 걸리면 뒷다리 뒤꿈치를 바닥에 딱 붙이고 걷는다. 점프를 할 수 없게 되므로 발톱을 포함한 앞다리를 최대한도로 사용해 높은 곳으로 오르려고 한다. 또한 수컷 비만 고양이는 당뇨병에 걸릴 위험이 높다.

tosamine)과 글리코알부민(Glycoalbumin)의 검사치를 평가한다.

소변 검사에서는 시험지를 사용하여 당뇨나 케톤체의 출현을 확인하고 경우에 따라서는 소변의 세균 검사(요로 감염을 일으키는 경우도 많기에)도 한다. 혈당치가 어느 정도 수치를 넘기면 신장에서 채 재흡수되지 않는 포도당이 소변 속에 섞여 나온다. 이 혈당치는 '신장의 당 배설 역치(신역치)'라고 하며, 고양이에 따라 개묘차는 있지만 통상 250~290mg/dl이다. 혈당치가 신역치 이하라면 당이 소변과 함께 거의 배설되지 않고 혈당치가 신역치를 넘기면 당이 소변과 함께 배설되어 요당 양성 반응이 나온다. 소변 검사(요당이나 요중 케톤체)는 소변 검사지를 사용하여 자택에서도 시행할 수 있다(2-3 참조).

🐾 치료법은?

통상, **식이 요법**과 **인슐린 요법** 두 가지를 병행하여 치료한다. 1형 당뇨병은 인슐린 치료가 필수인 반면, 2형 당뇨병은 적절한 치료로 인슐린을 주입하지 않아도 되는 상태로 호전되는 일도 적지 않다. 혈당치가 안정되기까지는(통상 1~4개월) 빈번한 검사가 필요하므로 소요되는 대략적인 비용이나 합병증(저혈당증, 케톤산증, 말초 신경증 등)에 관해 담당 수의사에게 충분히 설명을 듣도록 하자. 당뇨병은 혈당 조절이 잘되면 예후도 양호하다. **반려인이 자택에서 어느 정도 관리할 수 있는지**가 관건이다.

● 식이 요법(당뇨병식)

탄수화물을 많이 포함하는 음식은 식후 혈당치를 급격히 상승시키므로 혈당치 조절에는 **저탄수화물·고단백질로 제조된 당뇨병식이나 곡물류 미사용 사료**가 적합하다. 사료(건식, 습식)는 다양한 제조업체에서 판매하고 있는데 고양이가 좋아하는 사료로 시간을 들여 조금씩 바꾸도록 하자. 식욕이 없고 당뇨병식을 싫어하는 고양이에게는 억지로 먹이려고 애쓰기보다는 고양이가 좋아하는 사료를 고르는 것이 중요하다. 라벨의 기재 사항(성분 표시나 원재료 곡물 등)을 보고 가능한 한 저탄수화물·고단백질 사료를 고르자.

당뇨병식이 아니더라도 통상 습식 사료는 건식 사료에 비해 고단백질·저탄수화물로 만들어져 있으므로 고양이가 즐겨 먹는다면 **습식 형태의 종합 영양식이 당뇨병을 앓는 고양이에게 적합하다**. 식이 섬유나 아미노산의 일종인 타우린을 다량 포함하는 사료가 식후 혈당치를 안정시키는 효과가 있다는 연구 결과도 있다.

하지만 병발(竝發) 질환(만성 신장병 등)을 앓고 있거나 너무 뚱뚱하거나 너무 마른 고양이에게는 그것도 고려한 사료를 골라야 한다. 식이는 혈당치에 크게 영향을 주므로 식이의 내용(성분이나 섭취 칼로리), 시간이나 횟수 등에 가능한 한 큰 변화가 없도록 유념하자. 혈당치의 급격한 상승을 막으려면 하루치 양을 여러 번 조금씩 나눠 주는 것이 바람직하다. 식이의 타이밍은 인슐린 효과의 지속 시간이나 반려인의 생활 사이클도 고려할 필요가 있으므로 담당 수의사와 상의하자.

● 인슐린 요법(혈당치 조절)

인슐린으로 **정상적인 혈당치를 유지**하면 췌장의 베타 세포의 기능이 회복되고, 이는 인슐린 분비를 촉진하여 당뇨병의 완화로 이어진다.

인슐린 제제에는 가령 글라진〔란투스(Lantus)〕, 디터머〔레버미어(Levemir)〕 등의 종류가 있으며 작용 강도나 효과의 지속 시간이 다르다. 담당 수의사는 고양이에게 가장 적합한 인슐린 종류와 투여량을 정하기 위해 인슐린 투여 후, 정기적인 간격(두 시간 간격 등)으로 혈당치를 측정하고 혈당치의 변동을 참고하여 **혈당치 곡선을 작성**한다(74쪽 그래프 참조). 인슐린이 너무 적으면 효과가 없고 너무 많으면 위험한 저혈당증이 발생하므로 이 검사는 인슐린의 적당량을 결정하기 위해 필수적인 검사이다.

인슐린 요법의 방침이 어느 정도 정해지면 반려인은 인슐린의 취급 방법이나 주사 놓는 방법에 관해 담당 수의사에게 충분한 설명을 들은 후 1일 2회(12시간마다) 인슐린 주사를 놓아 혈당치를 조절한다. 그 후에도 담당 수의사는 정기적으로 혈액 검사를 하면서 인슐린 투여량을 조정한다.

평균 혈당치를 100~200mg/dl로 유지하는 것이 가능하다면 이상적이지만 고양이가 이상적인 몸무게를 유지하고 식욕도 있으며 건강하게 지낸다면 혈당치의 상한을 신역치(250~290ml/dl) 이하로 유지하는 것을 목표로 한다. 혈당치 조절이 안정되고 양호한 상태가 되면 고양이의 상태에 따라서 다르긴 하지만 보통 2~4개월마다 동물병원에서 정기 검사를 받는다.

[그래프] 인슐린 투여 후의 혈당치 곡선 예

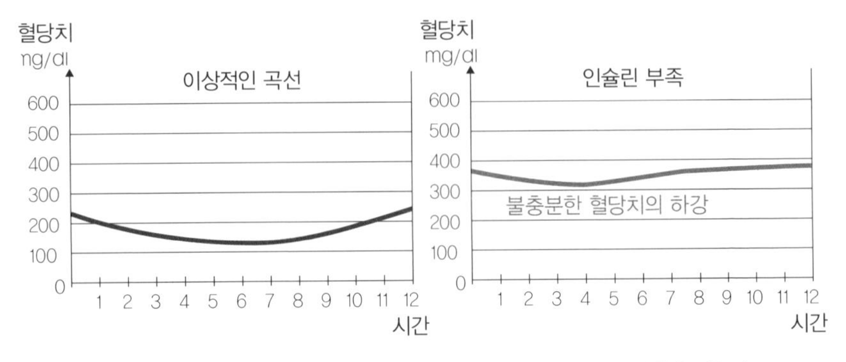

상한을 넘지 않으며 큰 변동도 없다.

인슐린을 주사해도 상한을 넘는다.

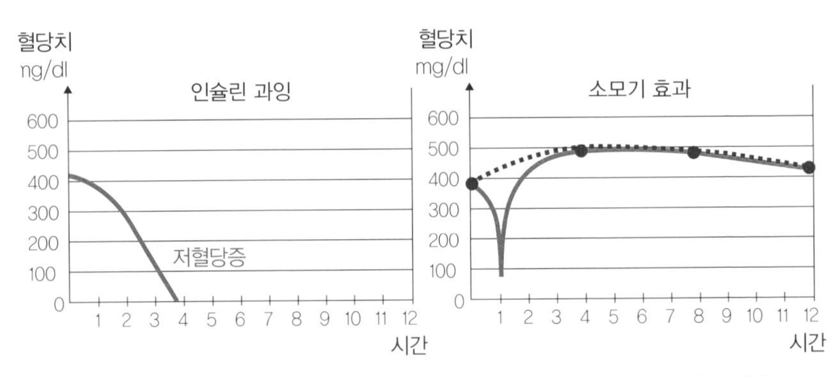

인슐린을 주사하면 급격히 혈당치가 떨어져버린다.

인슐린 투여량이 너무 많으면 체내에서 저혈당을 막으려는 작용이 활발해져서 혈당치를 높이는 호르몬(글루카곤, 에피네프린 등)의 분비가 증대하여 고혈당 상태가 된다. 이를 소모기 효과(Somogyi Effect)라고 한다. 인슐린 과잉 상태가 이어지면 이 작용도 기능하지 못하게 되어 위험한 저혈당증에 빠진다. 혈당치의 측정 간격이 길면 소모기 효과를 못 보고 지나칠 수도 있다.

● 자택 모니터링

집에서 혈당치를 조절하기 위해 사용하는 **혈당치 측정기는 기본적으로는 사람용도 괜찮다.** 하지만 동물용과는 다소 오차가 있으므로 병원에서 측정할 때 측정기를 지참하여 측정치 오차를 확인해두자. 수의사와 상담해보자. 혹은 반려동물용 혈당치 측정기를 동물병원을 통해 구매할 수도 있다.

처음에는 측정이 어려워도 익숙해지면 재빨리 할 수 있게 된다(76쪽 참조). 고양이의 귀를 마사지하는 느낌으로 조금 따뜻하게 만들고(혈행을 좋게 할 뿐만 아니라 안정 효과도 있다), 부속 바늘인 천자기(穿刺器)로 귀 가장자리 부분의 정맥을 콕 찌른다(자신의 손가락 끝을 찔러서 연습해두면 어떤 감각인지 알 수 있다). 천자기로 뽑은 혈액(약 한 방울)에, 미리 측정기에 세팅한 검사지(센서 칩) 끝을 가볍게 대서 몇 초 후에 측정 결과를 읽는다. 측정이 끝났다면 채혈 부위를 몇 초간 탈지면 등으로 가볍게 누르고 고양이를 칭찬해주자.

혈당치 측정은 인슐린 주사 전과 필요에 따라 임의의 타이밍에 실시한다. **반려인이 혈당치를 측정할 수 있다면 더욱 정확한 모니터링이 가능해져서 저혈당이 의심될 경우 곧바로 대처할 수 있다는 큰 장점**이 있다. 측정 결과(날짜, 시간, 혈당치, 인슐린 투여량, 고양이의 상태)는 반드시 기록하고 다음 검진 시에 지참한다.

자택 모니터링

혈당치 측정 방법

귀 가장자리 부분의 정맥을 주사 바늘로 찌른다.

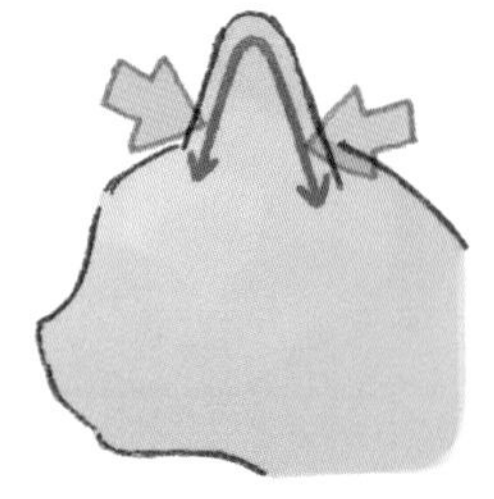

※귀 안쪽, 바깥쪽 어느 쪽이든 OK.

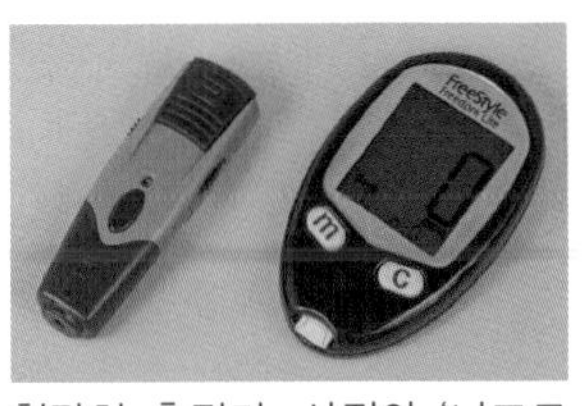

혈당치 측정기. 사진의 '니프로 프리스타일 프리덤 라이트'는 7,000엔 정도에 구매할 수 있다. 센서(3,500엔 전후)와 천자침(1,000엔 전후)은 별매로, 조제약국에서 살 수 있다.

찌르는 쪽의 ⇨ 부분을 엄지와 검지로 가볍게 눌러주면 좋다.

인슐린 피하 주사

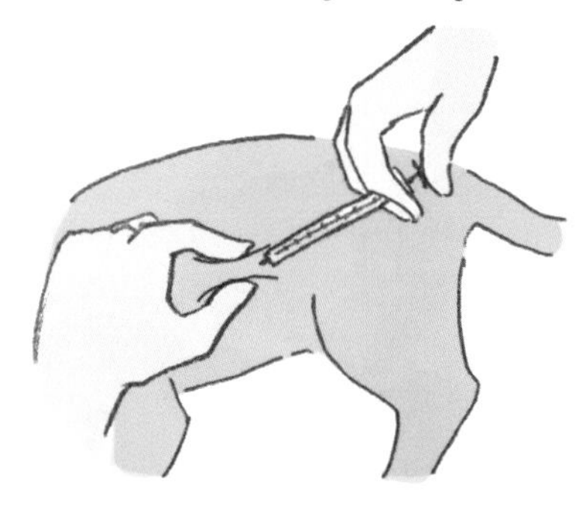

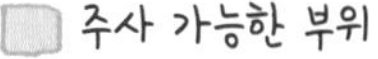

인슐린 피하 주사. 인슐린을 주사하는 부위는 좌우의 옆구리(그림의 초록 네모 부분). 이곳을 꼭 집어서 껍질을 늘리듯 들어 올린 후 안쪽 부분에 바늘을(수직이 아님) 뒷부분에서 평행하게 찔러 넣는다. 고양이는 서 있는 자세여도, 벌러덩 누워 있는 자세여도 상관없다. 주사하는 부위는 좌우 교차, 매회 조금씩 다른 곳으로 하고 같은 곳에 놓지 않도록 한다. 그 부위의 피부가 딱딱해져서 인슐린의 흡수가 나빠지는 것을 방지하기 위해서다.

● 집에서 할 일

음수량, 소변량, 식욕 등 하루하루 고양이의 상태를 세심하게 관찰하고 1~2주에 한 번은 몸무게를 측정한다. 인슐린 요법을 시작한 후 식욕이 있는데도 몸무게가 줄거나 반대로 늘거나 한다면 혈당치를 제대로 조절하지 못하고 있을 수도 있다.

비만은 당뇨병이 악화하는 원인이기도 하므로 비만기가 있는 고양이는 혈당치 조절이 어느 정도 안정된 후 몸무게 관리(4-2 참조)를 시작하자. 이상적인 몸무게를 유지하며 비만을 막는 것은 당뇨병을 예방하는 길이기도 하다.

● 합병증(당뇨병성 케톤산증이나 저혈당) 예방

케톤체의 유무는 정기적으로 소변 검사지를 사용하여 자택에서 검사하면 안심이다. 요중 케톤체가 양성이라면 담당 수의사에게 연락하자. 혈중 케톤체 양이 늘고 혈액이 산성이 되는 케톤산증의 증상이 나타난다면 동물병원에서 집중적인 치료를 받아야 한다.

인슐린의 투여량이 너무 많거나 식이량이 적거나(구토나 설사!), 갑자기 저탄수화물 식이로 바꾸거나 하면 **저혈당증**에 걸리기도 한다. 인슐린 투여 후(특히 1~3시간)에는 고양이의 상태에 충분한 주의를 기울이자.

저혈당증 증상은 으르렁거리듯 운다, 안절부절못한다, 몸을 떤다, 대소변을 지린다, 운동 실조*(휘청거리거나, 일어서지 못하거나) 등이며, 더욱 중도(重度)가 되면 경련 발작을 일으키거나 혼수상태에 빠지기도 한다. 평소 혈당치가 65mg/dl 이하가 되면 저혈당증이라고 하는데 이들 증상이 나타나는 것은 수치가 더욱 내려갔기 때문이다. 평소부터 **혈당치가 100mg/dl 이하가 되지 않도록 조절할 수 있다면 이상적**이다.

경도 저혈당이라면 고양이가 좋아하는 습식 사료에 조금씩 설탕을 넣어주거나 포도당 용액(없다면 설탕물이나 꿀 등)을 핥아 먹게 한다. 반응하지 않거나 경련을 일으키는 중도의 경우라면 고양이의 구강 점막(입안)에 포도당 용액 등을 발라주고 수의사에게 곧바로 연락해서 지시를 따른다.

* 〈역자 주〉 근육 운동이 제대로 이루어지지 않아서 노력해도 똑바로 걸을 수 없는 상태.

갑상선 기능 항진증
~ 조기에 발견하면 오래 살 수 있다

어떤 병인가?

갑상선 기능 항진증은 후두부(喉頭部)의 좌우에 위치하는 갑상선이 비대해져서(종양이나 선종) **갑상선 호르몬**이 과잉 분비되는 병이다. 갑상선 비대는 보통은 **양성**이지만 **악성 종양**(암)인 경우도 1~3% 있다.

이 병은 당뇨병과 함께 시니어 고양이에게 가장 많은 내분비 질환 중 하나로, 1979년에 고양이로는 처음 보고된 이후 매년 증가하는 추세에 있다.

시판 사료(특히 캔)에 포함되는 요오드나 이소플라본, 화장실용 고양이 모래, 브롬계 난연제(難燃劑, PBDEs : Polybrominated Diphenyl Ethers)와의 인과 관계, 또한 유전 원인 등이 시사되고 있지만 확실한 원인은 아직 밝혀지지 않았다.

고양이의 장수화와 수의학(진단 기술)의 진보에 의해 발병 빈도가 높아진 것도 부정할 수 없을 것이다.

발병 평균 연령은 12~13세로, 10세 미만 고양이의 발병률은 5% 이하로 보고되고 있다. 시니어기에 들어간 고양이가 식욕도 있고 언뜻 보기에 활동적이라는 점, 증상이 다양하다는 점에서 **간과되는 일도 많은 병**이다.

갑상선 호르몬은 몸을 구성하는 뼈, 근육, 내장, 피부 등 거의 온몸의 신진대사·작용을 활발히 하는 중요한 역할을 하며 호르몬이 과도하게 분비되면 심장은 온몸의 세포에 많은 산소를 보내야만 하기에 '**과열**'되고 만다. 세포에서는 에너지의 소비량이 늘어나 수많은 장기에 장애를 초래한다.

자주 나타나는 증상은?

- 갑상선 비대
- 다음, 다뇨
- 식욕 증가(식욕 부진에 빠지기도)
- 몸무게 감소, 근육 감소(먹는데도)
- 대변을 보는 횟수나 양이 는다.
- 활동적, 안절부절못한다.
- 신경과민, 쉽게 흥분한다(공격적으로 변하기도).
- 모피의 변화(털에 윤기가 없고 푸석푸석하거나 떡 지거나 털이 빠진다)
- 설사, 구토
- 호흡수 상승, 심박수 상승(>200회/분), 심박동이 강하다.
- 차가운 장소를 찾는다(더위를 탄다).

갑상선 기능 항진증

후두부의 좌우에 위치하는 갑상선이 비대해져서
갑상선 호르몬이 과잉 분비되는 병

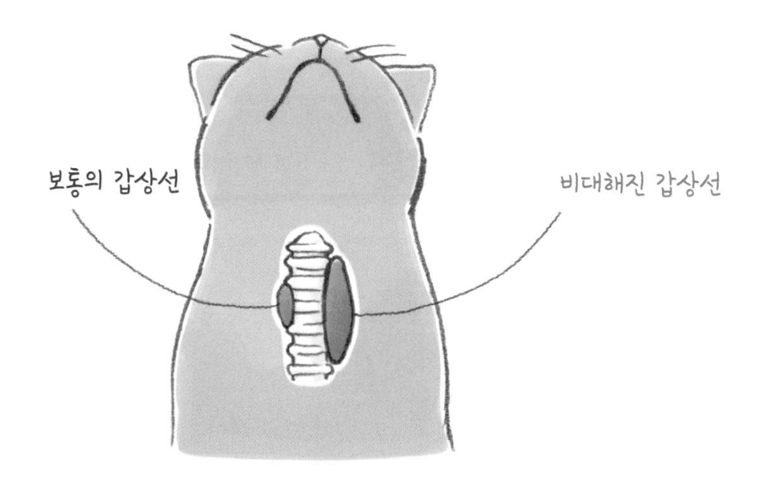

진단 방법은?

갑상선이 비대해졌는지를 확인하기 위해 후두부의 촉진이나 초음파 검사도 참고가 되는데 결정적인 것은 혈액 검사를 통한 **갑상선 호르몬**(티록신, T_4)**의 측정치**다. 일반적인 건강 진단의 혈액 검사(혈액 화학 검사)에서는 갑상선 호르몬 수치를 검사하지 않는다. 따라서 검사가 필요하다면 혈액을 검사 기관에 보내 검사해야 한다.

혈액 검사를 하면 갑상선 호르몬 수치는 대체로 **간 기능 지표가 되는 수치와 강한 연관성이** 있다는 사실을 알 수 있다. 따라서 갑상선 기능 항진증인 고양이는 보통 혈액 검사에서 ALT(=GPT), AST(=GOT), ALP 중 적어도 하나의 수치가 90% 이상의 비율로 상승한다고 보고되고 있다. 중년기를 지난 고양이의 혈액 검사에서 이들 간 효소 수치가 상승한다면 증상의 유무에 상관없이 갑상선 호르몬 검사도 받으면 안심할 수 있다. 또한 합병증으로 많이 나타나는 **전신성(全身性) 고혈압**(3-9 참조)은 혈압 측정으로 확인할 수 있다.

치료법은?

갑상선 기능 항진증으로 진단되었다면 혈액 검사 결과(T4나 fT4의 수치)에 따라 다르지만 **치료법은 네 가지**다.

일반적으로는 우선, 고양이의 몸에 부담이 적은 치료법으로 ① 갑상선 호르몬 합성에 필요한 요오드의 양을 낮게 제한하는 처방식, 혹은 ② 갑상선 호르몬의 합성을 억제하는 약을 투여하는 치료법을 고른다. 어느 치료법이든 갑상선 호르몬 수치가 안정되어 있는지 정기적으로 혈액 검사를 받아야 한다. 당연한 이야기지만, 약을 먹이면 부작용(식욕 부진, 구토, 피부의 가려움증, 간 장애, 혈소판 감소 등)이 나타날 수 있다. 치료를 시작했다면 일주일에 한 번은 반드시 정기적으로 몸무게를 측정한다. 식욕이 있는데도 몸무게가 늘지 않는다면 치료가 제대로 되고 있지 않고 있을 가능성이 있다. 그 외에는 고양이의 나이나 건강 상태, 신장 기능을 평가한 다음 갑상선 비대의 종류나 크기에 따라서는 ③ 갑상선을 절제하는 외과 수술, ④ 방사성 요오드 요법이라는 치료의 선택지도 있다.

갑상선 기능 항진증 예방법은 딱히 없다. 그러나 조기에 적절한 치료를 시작하고 **갑상선 호르몬 수치를 포함하는 혈액 검사나 혈압 검사로 건강 상태를 정기적으로 체크**한다면 고양이는 오랫동안 건강하게 지낼 수 있다.

한편, 갑상선 기능 항진증은 신혈관의 확장과 신혈류량의 증가를 일으키므로 만성 신장병의 증상이 경감되거나 혹은 잠재적인 상태가 되는 경우도 있다. 따라서 갑상선 치료를 하다 보면 만성 신장병 증상이 뚜렷하게 드러나는 경우도 있다.

[표] 갑상선 기능 항진증의 치료법의 장점과 단점

치료법	장점	단점
① 처방식〔요오드 제한식 · Hill's–Colgate(JAPAN) 'y/d' 사용〕	• 통상, 효과가 있다. • 몸에 부담이 가지 않는다. • 다른 치료법으로 바꾸는 것도 가능	• 다른 사료나 간식을 줄 수 없다. • 처방식은 현재 한 회사에서만 나온다(건식 사료와 캔 사료). • 2011년에 시판되기 시작하여(일본에서는 2012년) 얼마 되지 않았기에 장기에 걸친 연구 데이터가 없다. • 정기 검사가 필요
② 항갑상선약 '메티마졸(Methimazole)〔=티아마졸(Thiamazole)〕' 등의 투여	• 통상, 효과가 있다. • 다른 치료법으로 바꾸는 것도 가능	• 부작용이 있다. • 매일 해야 하는 투약이 스트레스가 되기도 한다. • 정기 검사가 필요
③ 외과 수술	• 완치적 치료 • 통상 1회의 치료	• 마취의 위험 • 1회에 드는 비용 • 수술 후의 합병증 가능성 • 갑상선 기능 저하증이 될 가능성이 있다.
④ 방사성 요오드 요법	• 완치적 치료 • 통상 1회의 치료	• 전문 시설에서만 가능(현재, 일본에서는 실시 불가능) • 장기 입원이 필요 • 1회에 드는 값비싼 비용

종양
~ '암=죽음'이라는 이미지는 옅어지고 있다

종양은 몇 살이 되었든 발생하기는 하지만 특히 10세 전후를 지날 무렵부터 발생률이 높아진다. 아이러니하게도 고양이의 수명이 길어진 만큼 암 발생률이나 암으로 인한 죽음이 증가한 것도 부정할 수는 없다. **환경 요인**(발암 물질이나 자외선 등)이나 **유전 요인**(세포의 암화를 억제할 유전자의 결손 등)이 크게 영향을 미치지만, 나이가 들면 세포의 이상을 발견하고 회복하려는 기능과 면역 기능이 저하하여 이상한 세포 증식(종양화나 암화)을 조절할 수 없게 된다.

세포가 암화한 것을 **악성 종양(암)**이라고 한다. 양성 종양에 비하면 발육 속도가 빨라서, 발생한 조직층을 넘어서 주변의 건강한 조직까지 증식(침윤)하거나 림프샘이나 다른 장기에 전이하기도 한다. 종양 발생률은 고양이보다 개가 높지만, 악성도는 고양이가 높다. 종양은 종류나 발생하는 장소〔피부, 유선(乳腺), 구강 내, 뼈, 소화 기관, 뇌, 림프계 등〕에 따라 증상은 다양하지만 여기에서는 **특히 고양이에게 많이 발병하는 종양**을 소개하겠다.

조혈기 종양, 림프종, 피부 종양

고양이의 모든 종양의 약 3분의 1이 **조혈기(造血器) 종양**, 즉 혈액 중 세포 성분인 적혈구, 백혈구, 혈소판 등이 종양화한 것이다. 이 중 50~90%가 백혈구의 일종으로 면역 기능의 역할을 담당하는 림프계의 세포가 종양화하여 증식한 악성 림프종이다. 혈액 성분인 림프구는 온몸에 존재하므로 모든 장기에 발생할 가능성이 있다.

평균 발병 연령은 10~13세인데 고양이 백혈병 바이러스(FeLV)가 관여하여 이 바이러스에 감염되었다면 젊은 연령(4~6세)에서 발병하기도 한다. 고양이 백혈병 바이러스와 고양이 면역 부전 바이러스(FIV)가 모두 양성인 고양이는 발병 위험이 더욱 커진다. 그 외에는 만성 위장염이나 반려인의 흡연도 림프종의 유발 요인으로 꼽힌다.

림프종은 발생하는 부위에 따라 몇 가지 형태로 분류〔소화기형, 전종격형(前縱隔型), 다중심형(多中心型), 림프절 외 등〕되며 그 증상도 림프종이 존재하는 장소에 따라 다르다. 이 중에서 고양이에게 가장 많은 위, 소장, 장간막(腸間膜) 림프절 등에 발생하는 소화기형 림프종에서는 식욕 부진, 몸무게 감소, 설사, 변비, 구토 등의 증상이 자주 나타난다. 앞서 서술한 바이러스 감염과는 관계없이 최근 증가하는 추세이며 특히 샴고양이를 비롯한 **오리엔탈계 고양이에게 많이 발생**한다.

림프종에 이어 고양이가 많이 걸리는 종양은 피부·피하에서 생기는 **피부 종양**(편평 상피암, 섬유 육종, 비만 세포종 등)이다. 이들 종양의 특징이나 원인에 대해서는 **85쪽 표에** 정리했다. 원인이 되는 요인을 열거했는데, 원인을 알 수 없는 경우도 많은 것이 사실이다. 고양이의 종양 중 절반 이상은 몸의 표면, 즉 눈에 보이는 장소에 발생하므로 보거나 만져서 발견할 수 있다. 물론, 몸에 생긴 멍울이나 부기 모두가 악성 종양이라 할 수는 없지만 아직 **멍울이 작을 때 만약을 위해 수의사에게 진찰**을 받도록 하자. 아무것도 아니라면 안심할 수 있다. 한편, 내장에 발생하는 종양은 꽤 진행한 후에 증상이 나타나는 경우가 많아서, 몸의 표면에 생기는 종양에 비해 발견이 늦어지기 쉬우며 정기 검진으로 우연히 발견하는 경우도 적지 않다.

자주 나타나는 증상은?

종양의 종류나 발생하는 부위에 따라 증상은 다양하지만, 일반적으로 보이는 **주요 증상**은 다음과 같다.

• 몸에 멍울이나 혹이 생기고 커지는 경향이 있다.
• 피부에 좀처럼 낫지 않는 상처나 염증이 보인다.
• 체내로 들어가는 입구에 해당하는 부분(구강 내, 코, 귀, 항문 주변)에서 출혈하거나 점액이 나온다.
• 입 냄새가 나거나 입에서 침이 흐르거나 출혈한다.
• 림프절이 붓는다(2-2 참조).
• 몸무게 감소
• 식욕이 없다. 씹거나 삼키기 힘들어한다.
• 구토나 설사 및 변비
• 원기 소실
• 걷기 힘들어한다.
• 호흡 · 배설 곤란
• 통증(1-5 참조)

진단 방법은?

종양의 발생 부위에 따라 다르지만 시진, 촉진, 혈액 검사로 온몸을 체크한 다음 영상 검사(X-Ray 검사, 초음파 검사, 경우에 따라서는 추가로 CT, MRI 검사 등)로 종양의 크기나 범위를 확정하고 다른 장기에 전이했는지 여부를 조사한다. 종양이 확인되면 더욱 자세히 조사하기 위해서 세포 일부나 조직 일부를 채취하여 **병리 검사**를 하는 경우도 있다.

모든 검사 결과를 통해 종양인지 어떤 종양인지 종양이라면 양성인지 악성인지 감별한 후 '크기, 주변 림프절로 전이 유무, 다른 장기로 전이 유무'의 세 요소에서 종양의 진행도(단계)가 진단된다.

[표] 피부에 변화가 보이는, 고양이에게 많이 생기는 종양

종양의 이름	특징	원인이 되는 요인과 경향
편평 상피암	• 피부 표면의 편평 상피 세포가 암으로 변한 것. 털이 적은 부분, 피부의 색소가 적은 부분, 특히 코 · 눈꺼풀 · 귀 등 얼굴이나 머리에 나타나는 경우가 많다. 초기에는 불그스름한 염증이나 딱지 같은 것이 보이며 서서히 주변 조직으로 침윤하여 궤양화한다. • 잇몸, 혀, 인두(咽頭) 등 구강 내에 발생하는 일도 많고 구강 내의 악성 종양의 약 70%를 차지한다. 종양이 커지면 국부적으로 부어오르고, 균열 부위에서 출혈이 있거나, 진행되면 턱뼈에 침윤하기도 한다. • 악성 종양이다.	• 태양의 자외선에 오래 노출되는 것이 큰 원인이며, 털이 흰 고양이에게 많이 나타난다. • 구강 내 편평 상피암은 페르시아고양이에게 많이 나타난다. • 인간의 흡연(털에 부착된 연기 성분을 그루밍하여 핥음으로써)도 구강 내의 편평상피암의 유발 요인으로 여겨지고 있지만 원인은 불명. • 10세 이상 고양이에게 발병하는 일이 많다. • 유두종 바이러스(PV)와 면역력을 저하시키는 약(코르티솔 등)의 장기 투약과의 관련성도 지적되고 있다.
섬유 육종 및 고양이 주사 부위 육종	• 주위의 조직과의 경계가 명료하지 않은 경우가 많으며 피하에 생기는 연부 조직의 육종. • 등(견갑골 사이)이나 사지에 발생하는 경우가 많다. 구강 내에 발생하는 경우도 있다. • 보통 증식 속도가 빠르며 침윤성이 강하다. 악성인 경우가 많다.	• 백신 접종 부위(특히 광견병이나 백혈병의 백신 접종 후)에 많이 발생함에 따라 백신에 포함되는 보조제와의 연관성이 이전부터 보고되고 있다(고양이 주사 부위 육종). 최근 백신 이외의 약제의 주사 부위나 상처 등에 의한 염증 부위에서도 발생하는 경우가 확인되고 있어서, 염증 반응이 원인이 되는 것으로 보고 있다. • 8~12세 고양이에게 많이 나타난다. • 고양이 육종 바이러스(FeSV)와 고양이 백혈병 바이러스(FeLV)가 관여한다. • 원인이 불명인 경우도 많다.
비만 세포종	• 피부나 점막 등 전신의 조직에 넓게 분포하며 면역 시스템의 역할을 담당하는 비만 세포가 종양화한 것. • 머리(눈꺼풀이나 귀 주변), 사지, 목 등에 생기는 경우가 많다. • 단독~여러 곳, 대개는 지름 0.5~3cm 정도의 탈모를 동반하는 딱딱하고 주위 조직과의 경계가 명료한 멍울. 양성인 경우가 많다. • 내장(비장이나 소장 등)에 발생하는 비만 세포종은 피부에서 발생하는 것보다도 악성도가 높다.	• 원인은 불명. • 젊은 고양이에게 발병하는 경우도 있지만 평균 발병 연령은 8~10세이며, 샴고양이에게 많다.
유선 종양	• 초기에는 유선에 한 개~여러 개의 쌀알 정도의 작고 단단한 멍울이 생긴다. 주변 조직에 침윤하여 궤양화하거나 더 커지면 자괴하여 환부에서 진물이 나오거나 고름이 되기도 한다. • 보통 증식 속도가 빠르며 악성인 경우가 많다(80~90%). 전이도 많다.	• 중성화 수술을 하지 않은 암고양이는 발생 위험이 크다. 단, 중성화 수술을 조기에 한 경우에만 발생 위험이 저하한다는 데이터도 있다. • 7세 무렵부터 발병률이 상승하여 발생 연령의 절정은 10~14세.

치료법은?

고양이의 나이나 몸 상태를 고려하면서 종양의 종류와 단계, 발생 부위에 따라 외과 요법(수술에 의한 종양 절제), 화학 요법(항암제), 방사선 요법 세 가지 중에서 치료 방침이 세워진다. 가령 절제가 가능한 종양이라면 **외과 요법**, 전신성 종양(림프종 등)이라면 **화학 요법**, 외과 수술이 부적합한 부위(뇌, 비강 내 등)에 생긴 종양에는 **방사선 요법**이 제1선택지다.* 치료는 상황에 따라 다르며, 경우에 따라서는 외과 수술과 화학 요법, 방사선 요법이 병행된다.

최근 수의종양학은 급속히 진보하여 **'암=죽음'이라는 이미지는 옅어지고 있다.** 치료법을 선택할 때는 고양이 자신의 치료나 통원에 대한 스트레스도, 반려인의 시간적·경제적 사정도 고려하면서 정하게 된다. 경우에 따라서는 육체적인 아픔이나 불쾌한 증상을 최소한으로 억누르면서 고양이의 삶의 질을 가능한 한 유지하는, 자택에서의 완화 치료가 최선의 선택지일 수도 있다.

치료법 선택지도 넓어져서 보조적인 요법으로서 면역 요법이나 다양한 대체 요법(침과 뜸, 한약, 동종 치료 요법, 호모톡시콜로지, 오존 요법, 각종 영양제 등)을 제공하는 동물병원도 있다. 수많은 영양제가 판매되고 있지만 몸속에서 약처럼 작용하거나 다른 약에 영향을 주기도 하므로 고양이에게 영양제를 주기 전에 수의사와 상담하자. 종양이 생긴 고양이는 마른 경우가 많으므로 탄수화물이 적고 소화 흡수가 잘되는 단백질이나 지방이 많아 에너지 밀도가 높은 식이를 제공하는 것도 중요하다.

백신 접종 후에는 섬유 육종을 염두에 두자

섬유 육종(고양이 주사 부위 육종)은 백신 등의 주사가 원인이 되어 발생한다고 보고 있다. 따라서 발생 위험을 낮추기 위해 고양이의 생활

* 〈역자 주〉국내에선 방사선 요법이 도입된 병원은 많지 않다.

환경을 고려한 후 백신 접종은 최소한으로 제한하도록 하자. 백신에 대한 자세한 설명은 생략하겠지만 백신 접종은 견갑골 사이를 피해서 옆구리나 사지(미국에서는 사지나 꼬리 끝)에 주사하는 것, 그리고 몸의 어떤 부위에 접종했는지를 기록하는 것을 추천하고 있다. 조기 발견이나 외과 수술로 절제하기 쉽기 때문이다. 반려인도 **백신 접종 후에는 접종 부위에 부기나 멍울이 생기지 않았는지 주의 깊게 확인**하자.

백신 접종 후 염증 반응으로 다소 붓는 경우가 있는데 3개월이 지나도 부기나 멍울이 사라지지 않거나 멍울의 지름이 2cm 이상에 달하거나 혹은 1개월 후 멍울의 크기가 커졌을 때는 자세히 검사해야 한다는 3-2-1 규칙이 제창되고 있다.

심장병
~ 심장이 좋지 않은 고양이에게는 스트레스 없는 평온한 생활을

어떤 병인가?

후천성(태어날 때부터 심장에 기형 등이 보이는 것은 선천성) 심장병 중에서 고양이에게 가장 많은 것은 심장의 근육 세포에 이상이 생기는 병인 **심근증(心筋症)**이다. 모든 연령대에서 발병하지만 6세 무렵부터 발병하는 경우가 많으며 연령이 늘어남과 함께 중증이 되는 경향에 있다.

심근증은 심장 근육의 두께가 두꺼워지는 **비대형 심근증**, 심근 전체가 딱딱해지고 유연성이 사라지는 **구속형(拘束型) 심근증**, 심근이 약해지고 얇아지는 **확장형 심근증** 등 여러 유형으로 분류된다. 고양이에게는 비대형 심근증이 전체의 약 67%, 구속형 심근증이 20%를 차지한다. 확장형 심근증에 관해서는 1980년대에 **타우린**의 섭취 부족이 주요 원인이라는 점이 밝혀진 이후, 사료에 타우린이 충분히 첨가되게끔 바뀌어서 발병률이 크게 줄어들었다(약 10%).

비대형 심근증과 관련해서는 유전적인 원인이 의심되고 있으며, 메인쿤, 래그돌, 브리티시 쇼트헤어, 아메리칸 쇼트헤어, 노르웨이숲, 페르시아고양이, 스핑크스 등의 고양이 종에서 많이 발병한다고 알려져 있다. 성별을 보면 수컷에게 많이 발병한다.

왜 발생하는가?

심근증이 발병하는 메커니즘은 충분히 밝혀져 있지 않지만, 다른 질환(고혈압, 갑상선 기능 항진증 등)이 원인이 되어 2차적으로 비대형 심근증이 야기되는 일이 적지 않다. 어떤 유형의 심근증이든 간에 심근이 수축하여 전신에 혈액을 순환시키는, 이른바 '펌프'의 움직임에 지장이 생겨서 필요한 산소와 에너지원을 공급하는 역할을 충분히 다하지 못하게 된다. 심장은 확장되거나 심박수를 올리거나 하여 그 움직임을 돕고자 풀회전하지만, 결국 그 일을 해내지 못하게 되어 여러가지 지장이 생겨나게 된다.

심장은 **4개의 방(① 우심방, ② 우심실, ③ 좌심방, ④ 좌심실)**으로 구성되어 있다. 좌심실이 충분히 혈액을 내뿜지 못하면 좌심방에서 보내지는 혈류는 막혀서 체류하게 되고, 좌심방은 점차 커진다. 폐에서는 모세혈관의 압력이 상승하고 혈관에서 혈액의 액체 성분이 스며 나와서(폐정맥 울혈), 폐 안에 물이 차는 **폐수종**, 혹은 흉부(폐 주변)에 물이 차는 **흉수**라는 합병증이 일어나기 쉽다. 또한 커다래진 좌심방에서 혈액의 흐름이 정체됨으로써 **혈전**이라고 하는 핏덩어리가 생길 가능성이 크다. 혈전은 좌심방에서 좌심실, 그리고 혈류를 타고 온몸으로 옮겨져 다른 부위에서 동맥을 막는다(**동맥 혈전 색전증**). 고양이에게는 혈전이 동맥

심장의 구조

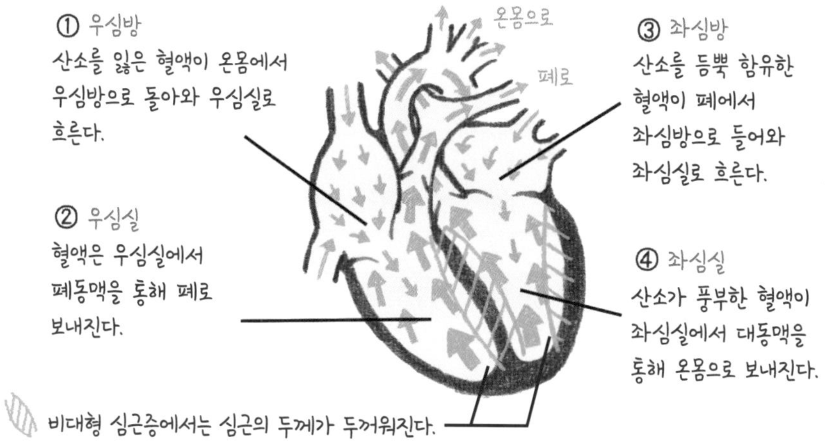

심장은 혈액을 온몸으로 보내는 '펌프' 역할을 한다. 좌우의 심실은 큰 압력으로 혈액을 밀어낸다.

의 분기부(分岐部)를 막는 경우가 많으며, 그 결과 사지(주로 **뒷다리**)가 **마비**되거나 **힘이 빠져서** 일어서는 것이 쉽지 않게 된다. 이들 합병증은 위중한 상태라는 것을 의미한다. 신속한 치료가 필요하다.

자주 나타나는 증상은?

심장병 질환을 가진 개의 증상(기침, 빠른 호흡, 산책을 싫어함 등)과 비교하면, 고양이의 증상은 그다지 명확히 밝혀져 있지 않다. 아무런 전조도 없이 **위중한 증상이 갑자기 나타나는** 경우도 있다.

- 움직이기 싫어한다.
- 움직인 후 호흡이 힘들어 보인다(입을 열고 호흡).
- 부정맥, 심박수 상승(>200회/분)
- 식욕 부진, 마른다.
- 혀와 잇몸이 푸른빛을 띤 자주색〔치아노제(Zyanose)〕
- 저체온
- 호흡 곤란(폐수종이나 흉수에 의해)
- 갑자기 일어서지 못한다(동맥 혈전 색전증에 의한 뒷다리의 힘이 빠짐과 마비).

진단 방법은?

이른 시점에 발견하기 어려운 병이다. 건강 진단이나 예방 주사 때에 청진 검사를 통한 이상(심장 잡음 등)이 발견의 계기가 될 때도 있다. 하지만 중도(重度)의 증상(호흡 곤란이나 일어서지 못하는 등)이 나타난 후에 진단되는 경우도 적지 않다.

신체검사(특히 청진), 심장 에코, 심전도 검사, 혈압 측정, 엑스레이 검사 등의 결과를 종합하여 판단한다. 혈액 검사에서는 NT-proBNP라는 **심근에서 분비되는 호르몬의 수치**가 심근증의 중증도를 평가하는 데 참고가 된다. 고양이의 상태를 보면서 검사를 진행하며, 호흡 곤란이나 합병증을 일으킨 상태라면 검사보다도 전신 상태를 안정시키기 위한 치료를 우선한다.

동맥 혈전 색전증에 의한 뒷다리(또는 앞다리)의 마비가 일어나면, 다리 끝이 차가워지고 발바닥 볼록살이 창백해지며(볼록살이 검다면 알기 어렵지만), 고동맥(股動脈)의 박동을 감지할 수 없게 된다. 동시에 통증의 신호(갑자기 신음을 하거나 난폭해지는 등)도 현저해진다.

[표] 심장병 치료에 관한 주요 약

약	작용	약(일반적인 이름)
혈관 확장약 (혈압 강하제)	혈관을 넓혀서 혈압을 낮춤으로써 심장의 부담을 경감한다.	ACE 저해제 또는 칼슘 길항제(3-9 참조)
이뇨제	소변의 배출을 촉진함으로써 혈액의 수분량을 줄인다.	푸로세미드(Furosemide) 등
강심제 (칼슘 감수성 증강제)	심근의 수축력을 높인다. 혈관 확장 작용도 한다.	피모벤단(Pimobendan) 등
β 차단제	심장에 있는 교감 신경의 수용체 중 β 수용체를 억제하는 약. 심장의 심박수를 줄이거나 심박수 리듬을 조정한다.	아테놀롤(Atenolol), 프로프라놀롤(Propranolol) 등

치료법은?

심근증을 근본적으로 치료하는 것은 불가능하지만 고양이의 상태에 따라 심장이 받는 부담을 줄이기 위한 **투약 치료**를 진행한다. 약의 투여에 관해서는 특히 신장 기능을 평가하기 위하여 정기적인 검사(혈액 검사 및 소변 검사)를 빼놓을 수 없다.

호흡 곤란을 일으킨 경우에는 산소 흡입으로 상태를 안정시킨 후, 수액이나 약제의 투여를 시작한다. 검사로 폐수종이 확인되면 이뇨제를 투여하고, 흉수가 가득 차 있는 경우에는 물을 빼는 처치를 한다. 동맥 혈전 색전증이라면 빠른 치료가 필요하다. 치료에는 혈전 용해제(tPA 제제나 우로키나아제(Urokinase) 등)를 사용하는 방법이나 카테터나 외과 수술로 혈전을 제거하는 방법이 있다.

상태가 회복되어도 심근증의 치료는 지속하며, 혈전의 형성을 막아주는 약(저분자 헤파린 주사 등)을 통해 **새로운 동맥 혈전 색전증을 예방하는 것이 중요**하다. 심근증이라는 진단을 받으면 가능한 한 염분(나트륨)을 줄인 사료를 고르고, 평온하게 지낼 수 있는 환경을 마련해주도록 하자.

또한 고양이가 안정된 상태일 때(자고 있을 때) 정기적으로 호흡수를 측정하여, **1분간의 호흡수가 45회를 넘는 상태가 이어진다**면, 합병증(폐수종이나 흉수)의 초기 단계가 의심되므로 수의사와 상담하자.

3-6 치주병과 치아의 흡수

~ 뭐든 예방이 최고지만……

어떤 병인가?

● 치주병

치주병이란 잇몸, 시멘트질, 치조골, 치근막 등 치아를 지지하는 치주 조직에 염증이 생기는 병으로, 고양이에게 가장 많은 구강 내 질환이다.

치주병의 직접적인 원인은 치아에 부착된 **플라크**다. 플라크는 구강 내의 세포, 침, 음식의 찌꺼기나 특정 세포가 혼합되어 만들어진 끈적거리는 회색의 점착성 물질로, **플라크가 부착됨으로써 잇몸에 염증**을 일으킨다. 잇몸 염증 발병 여부는 고양이가 감염증(고양이 백혈병 바이러스나 고양이 면역 부전 바이러스 등)에 걸려 있는지와 고양이의 면역력에 크게 좌우된다.

치주병의 진행은 우선 잇몸이 붉은색을 띠며 붓거나, 출혈이 생기

치아의 구조

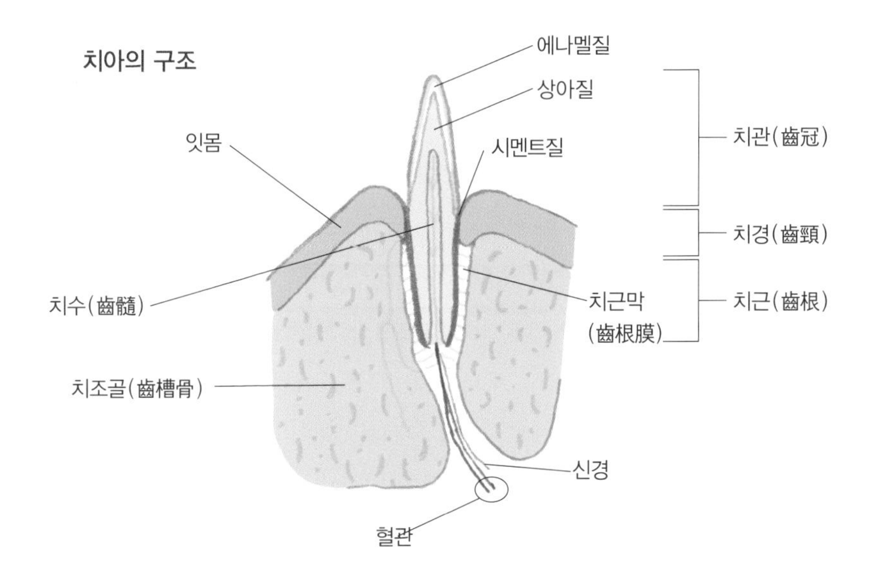

거나, 플라크 세균이 늘어남으로써 치주 포켓(치아와 잇몸을 경계 짓는 틈)이 생겨나고, 여기에서 세균의 침입이 발생하게 된다. 동시에 플라크에 침에 섞인 미네랄(칼슘이나 인)이 축적되고 **석회화**되어 갈색빛이 도는 **치석**으로 변화한다. 이 석회화는 플라크가 쌓인 후 몇 시간이 지나기 전에 시작되어 통상 일주일 정도 만에 완전한 치석이 형성된다.

치석의 표면은 까칠까칠해서 플라크가 잘 붙는다. 그러면 치석은 점차 두꺼워지고 그 내부에는 세균의 종류와 수가 늘어나 입 냄새도 심해진다. 치주 포켓은 점차 깊어지고 잇몸은 퇴축하지만 두꺼운 치석이 부착되어 있으면 알아보기 어려울 수 있다.

치주병이 더욱 진행되면 치근막이나 치조골이 염증을 일으켜 파괴되고(**치주염**), 치조골이 흡수되어(녹아서) 치아가 흔들리기 시작한다. 치조골 내에 남아 있는 치근부가 곪아서 치아가 빠져도 통증을 동반하는 염증이 이어질 수 있다. 치근의 주변(특히 송곳니와 위턱 어금니)에 고름이 쌓여 뺨~눈 밑이 붓거나 그곳에 쌓인 고름이 피부를 뚫고 나오는 경우도 있다.

또한, 증식한 구강 내 세균이 혈류를 타고 온몸으로 옮겨져, 치아뿐만 아니라 다른 장기(신장, 간, 심장 등)에 악영향을 미칠 우려도 있다.

● 치아 흡수성 병변

치아 흡수성 병변은 치주병과 나란히 고양이에게 많은 구강 내 질환이다. 일반적으로는 유치의 치근을 흡수하여 영구치의 성장을 돕는 작용을 하는 상아질 파괴 세포가 영구치를 공격하여 치경부나 치근부의 외측에서 치아를 흡수하여 치아에 구멍이 생기는 병이다. 고양이과의 동물에게(호랑이와 사자한테도) 많이 보이며, 1930년에 고양이에게서 처음으로 보고되었지만 현재도 그 원인은 명확히 밝혀지지 않았다.

유발 요인으로서는 지금까지 치주 조직의 염증(치주병)이나 딱딱한 것을 씹었을 때 에나멜질과 시멘트질의 경계선에 발생하는 결손, 혹은 사료 보급에 의한 비타민D의 과잉 섭취 등을 꼽아왔지만, 야생 고양이에게도 동일하게 발병하는 등 **사료가 원인이 아닐 가능성이 크다**.

연령대를 가리지 않고 발생하지만, 고령이 될수록 발병률이 높아진다. 또한 어떤 치아에든 상관없이 발생하지만, 앞어금니(특히 송곳니 바로 뒤의 앞어금니)에 가장 많이 발생한다.

치아 흡수성 병변에는 **치주병을 동반하는 유형과 동반하지 않는 유형**이 있지만, 치경부 부근에서 흡수가 일어나기 때문에, 초기에는 보이는 부분(치관부)에 변화가 없기에 발견이 늦어지기 쉽다. 실제로 치아의 흡수가 치수에 이르러(3단계) 통증이 심해져 고양이의 행동에 변화가 생기거나, 치관부의 변화가 현저해진 다음(4단계)에야, 비로소 반려인이 깨닫는 경우가 많다.

자주 나타나는 증상은?

- 입 냄새가 심하다.
- 침을 많이 흘린다.
- 치아에 갈색빛이 도는 치석이 붙어 있다.
- 잇몸의 변화(빨갛게 붓거나 출혈이 생긴다. 잇몸이 퇴축하여 치아가 길게 보인다.)
- 치아가 흔들거리거나 빠진다.
- 뺨~눈 밑이 붓거나, 피부에 구멍이 생겨서 고름이 나온다.
- 잇몸이 뿌리 부분에서 치관부를 덮듯이 솟아오른다(치아의 흡수).

● 먹을 때

- 한쪽으로만 씹는다(고개를 어느 한쪽으로 기울이고 질겅질겅 씹는다).
- 고개를 흔들거나 입에서 사료가 흘러나온다.
- 손으로 얼굴을 문지른다(입에 들어간 사료를 빼내려는 듯).

• 먹는 것을 중단하거나 사료 앞에 앉아 있음에도 먹지 않는다(몸무게 감소).

● 행동

• 얼굴(입)을 만지는 것을 싫어한다.
• 놀거나 활동하는 시간이 줄어든다.
• 모질이 나빠진다(치아가 아프면 그루밍을 하지 않게 되기 때문에).

진단 방법은?

치주병의 진행 상황은 증상, 구강 내 검사, 경우에 따라서는 마취하에 프로빙 검사(치주 포켓의 깊이를 측정)나 구강 내 엑스레이 검사를 통해 **종합적으로 진단**한다.

잇몸 염증

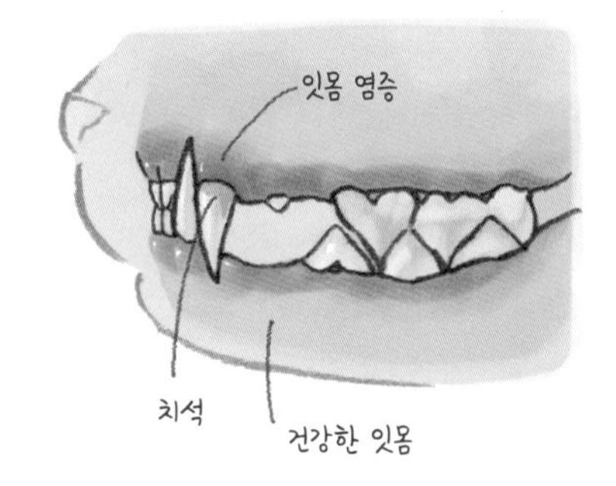

치주병의 진행

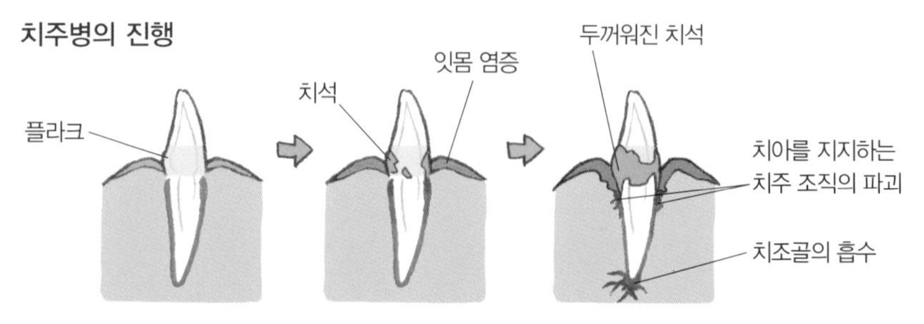

플라크 부착→잇몸 염증→치석 형성→치주 포켓에 플라크나 치석이 축적→잇몸의 퇴축→치주 조직의 파괴나 치조골의 흡수→치아가 흔들리고 빠짐

치아 흡수성 병변은 치주병과 구별하는 것이 곤란한 점도 있고, 확정 진단을 하기 위해서는 구강 내 엑스레이 검사를 빼놓을 수 없다. 치아의 흡수는 아래 표와 같이 **5단계로 분류**되고 있다.

[표] 치아 흡수성 병변의 단계

단계		엑스레이 영상을 보고 평가	육안으로 보고 평가
1		경도의 치경 조직※의 흡수(시멘트질, 혹은 시멘트질과 에나멜질의 접합부 근처에 손상)	딱히 없다.
2		중등도의 치경 조직의 흡수(손상이 상아질로 퍼진다)	딱히 없다.
3		심부(深部)에 이르는 치경 조직의 흡수(손상이 치수까지 퍼진다)	통증 때문에 고양이의 행동에 변화가 생긴다.
4		광범위에 이르는 치경 조직의 흡수(치근부 및 치관부가 광범위에 걸쳐서 손상)	치관부에 다양한 변화(구멍이 생기거나, 빠지거나, 손상하는 등)가 보이며, 잇몸이 치아를 보호하려는 것처럼 뿌리 부분부터 솟아난다.
5		치경 조직의 변형된 잔해만 남는다.	치관부가 완전히 없어지고 솟아난 잇몸에 덮인다.

※ 치경 조직이란 에나멜질, 상아질, 시멘트질 등 치아의 딱딱한 조직.
참고 : 미국 수의 치과 학회(AVDC)의 단계 분류

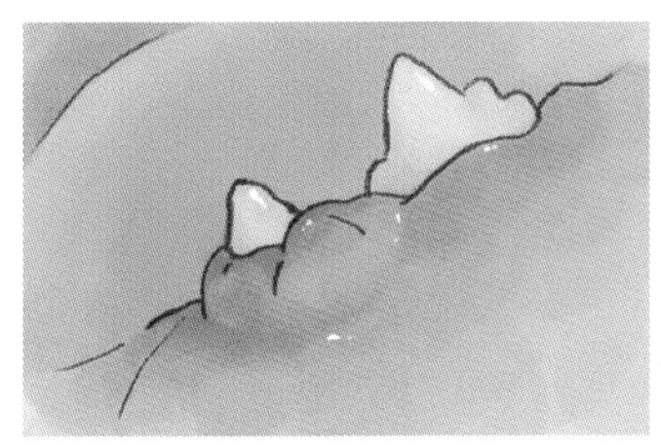

치아의 흡수. 잇몸이 솟아나 치관부를 덮는다(4단계에 해당).

치료법은?

잇몸 염증만 생긴 단계라면 치아의 표면이나 치주 포켓에 부착된 플라크·치석은 제거하고〔스케일링(Scaling)〕, 치아의 표면을 연마〔폴리싱(Polishing)〕하고 세척하여 치석의 재부착을 막고 잇몸의 염증을 억제하기 위한 처치를 한다.

하지만 치주 포켓이 깊어지고 잇몸의 퇴축이나 치아의 흔들림이 있으면 치아를 보존한 채로 치료하기 어렵다. 치아가 빠져도 치조골 내에 남겨진 치근부가 곪은 상태라면 통증이 지속되므로 남은 치근을 제거해야만 한다.

처치 전후로는 고양이의 상태에 따라서 약(항생 물질이나 진통제)을 투여한다. 치아 흡수성 병변도 치주병과 함께 발병한 경우에는 동일하게 치료한다.

치아의 흡수가 진행되어 치수에 이른 단계(3~4단계)에서는 치아를 보존하는 것이 어려우며 발치나 치관 절제가 행해진다. 5단계로 치근이 남아 있지 않고 완전히 녹아서 치조골로 대체된 경우에는 통증도 없어지므로 치료의 필요성도 사라진다.

진행성 치주병이나 치아 흡수성 병변은 치아가 쑤시는 경험을 한 사람이라면 알 테지만, 강렬한 통증을 동반한다. **치아 치료의 제1 목적은, 통증에 의해 생활의 질이 저하되는 것을 개선하는 것**이다. 사람과 다르게 고양이는 섭취한 음식을 저작(치아로 잘 씹어서 잘게 부수는 것)하지 않고 삼키므로, **치아가 없어도 문제없이 먹을 수 있다.**

"우리 고양이는 나이가 있어서 전신 마취는 불가능하다."라고 단정 지을 수는 없다. 마취 전 검사를 제대로 받아서 전신 상태를 파악하고 고양이에게 맞는 마취 방법을 선택하면 위험 요소를 최소한으로 억제할 수 있다. 조기 치료가 중요하다. 가장 좋은 치료법은 **정기적으로 집에서 플라크를 제거하여 치주병을 예방하는 것**이다(5-4 참조).

뼈와 관절의 병
~ 통증과 염증을 다스려서 삶의 질을 보장해주자

어떤 병인가?

퇴행성 관절염은 나이를 먹어감에 따라 관절 연골의 조직이 점차로 손상되거나 퇴행하여 그 기능을 잃어가는 진행성 관절 질환이다. 진행하면 염증을 동반하므로 **골관절염**이라고도 한다.

발병 빈도는 나이를 먹을수록 늘어나며, "12세 이상의 고양이 중 약 90%에게 엑스레이 영상으로 퇴행성 관절염의 징후가 확인됐다."라는 최근의 보고가 있을 정도로 고양이에게 많은 만성 관절 질환이다.

나이 외에는 **관절 주변의 외상**이나 **비만** 등이 관절염을 일으키는 요인이 된다.

뼈의 말단 표면을 덮는 **관절 연골**은 많은 수분을 포함한 탄력성이 뛰어난 연골 조직으로 구성되어 있으며, 매끄러운 표면을 형성하여 뼈와 뼈가 직접 부딪히는 일이 없도록 쿠션 역할을 한다.

관절 연골의 틈새(**관절강**)는 활막(滑膜)에서 분비되는 관절액〔**활액(滑液)**〕으로 채워져 있으며, 관절 연골에 영양을 보급하고 관절의 움직임을 매끄럽게 하는 '윤활유'의 역할을 담당한다.

퇴행성 관절염에서는 관절 연골의 조직이 닳아서 얇아지고, 활액의 질도 저하되어(점액성을 잃어) 연골을 충분히 보호하지 못하게 된다. 그러면 뼈와 뼈가 부딪혀서 연골이 상처를 입거나, 그것을 복원하기 위하여 관절의 주변에 뼈가 증식하여 놀기〔**골극(骨棘)**〕가 생기게 되는 등 관절의 변형이 천천히 진행된다.

관절 내에서는 활막염을 동반하는 염증이 반복해서 발생하며 관절의 변형과 통증으로 인하여 점차 운동 능력을 잃게 된다.

모든 관절에 발병할 가능성이 있지만, 고양이에게 많은 것은 **팔꿈치 관절**, **고관절**, **무릎 관절**, **요추** 등이다.

자주 나타나는 증상은?

몸이 유연하고 상하로 움직이는 것이 특기인 고양이는 개와 비교할 때 증상을 놓칠 가능성이 크다. 뒷다리가 아프더라도 발톱을 포함한 앞다리를 최대한도로 사용하여 높은 곳으로 뛰어오르려고 한다. 반대로 앞다리에 통증이 있으면 뒷다리로 높은 곳으로 점프할 수 있지만,

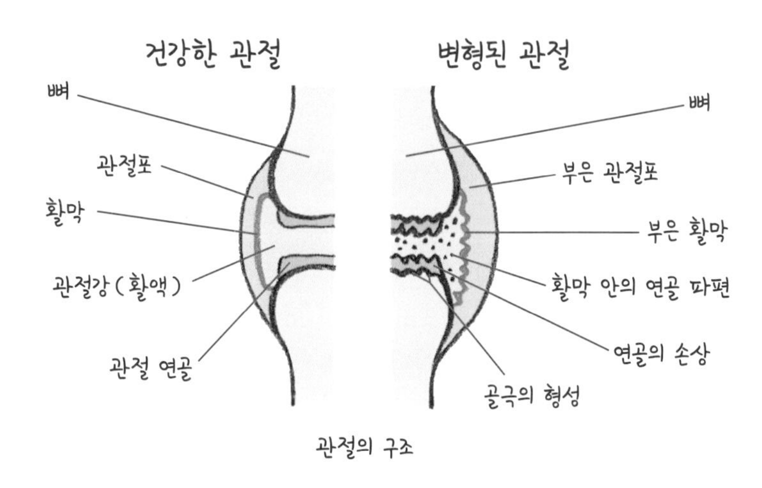

관절의 구조

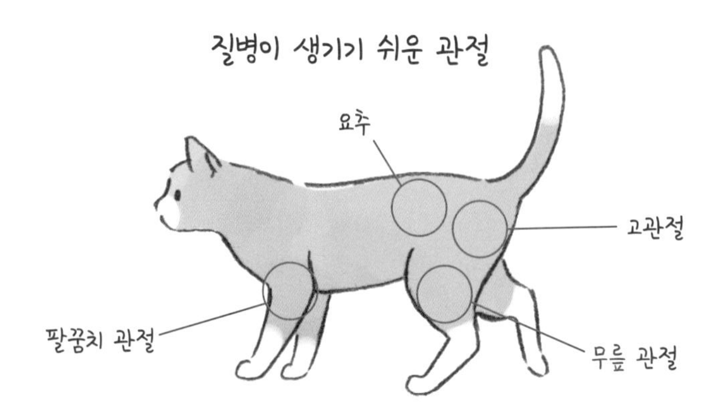

내려올 때(착지 시) 앞다리가 아파서 **높은 곳으로 뛰어오르는 것을 주저**하게 된다. 통증으로 인하여 가만히 있는 시간이 길어지면 증상을 더욱 깨닫기 어려워지므로 다음과 같은 행동의 변화를 주의하도록 하자.

- 전체적으로 활동 시간이 줄어든다(자는 시간이 길어지고 놀지 않는다).
- 그루밍하는 시간과 발톱을 가는 시간이 줄어든다.
- 계단의 오르내림과 점프(상하 모두)를 주저한다.
- (지금까지 잘 뛰어오르던) 높은 곳에 뛰어오르지 않는다.
- 서 있는 자세나 걷는 자세가 어색하다(예를 들어 팔꿈치 관절이 아플 때는 팔꿈치가 바깥쪽을 향하게 하는 경우가 자주 있다).
- 반려인이나 동거 고양이와의 접촉을 피한다(숨는다).
- 기분이 나쁘다(공격적으로 변하기도 한다).
- 만지는 것을 싫어한다.
- 화장실 이외의 장소(주로는 화장실 바로 근처)에 소변이나 대변을 본다(화장실에 가는 곳에 계단 등의 장애물이 있거나 화장실 자체가 턱이 너무 높은 등의 문제가 있기 때문에).

진단 방법은?

증상, 신체검사, 엑스레이 검사 등을 통해 종합적으로 진단한다. 신체검사에서는 환부를 시진과 촉진을 통해 관절의 부은 정도와 가동역(움직이는 범위), 근육의 위축, 서 있는 자세나 걷는 자세의 이상 여부, 통증이 있는지 등을 확인한다.

진찰실에서는 걷지 않는 고양이가 있으므로 걷는 자세가 어색한 경우에는 미리 **스마트폰 등으로 동영상을 찍어두면** 도움이 된다.

또한 엑스레이 영상을 통해서는 뼈와 뼈 사이의 틈새 상태, 연골 밑 뼈의 경화도, 관절 부종이나 석회화, 뼈에 돌기나 증식체가 생겨서 뼈의 표면이 변형되어 있지는 않은지 등 관절이나 뼈의 장애 정도를 평가한다.

치료법은?

한번 변형된 관절은 원래대로 되돌릴 수 없으므로 치료의 목적은 반려묘의 삶의 질을 유지하기 위해 **통증과 염증을 줄이는 것**이다.

통증을 줄이기 위해 우선 비스테로이드성 소염 진통제(NSAIDs)가 사용된다. 완치를 위한 치료약은 아니지만 필요할 때는 염증이나 통증을 억제해준다. 장시간 사용이 인정되는 NSAIDs는 고양이에게 처방하는 경우는 드물다. 현재 사용되는 대표적인 약은 멜록시캄(Meloxicam)이

엑스레이 검사를 통한 영상 평가

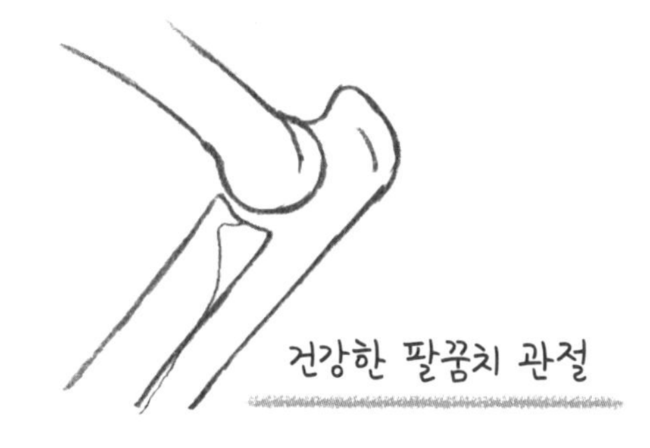

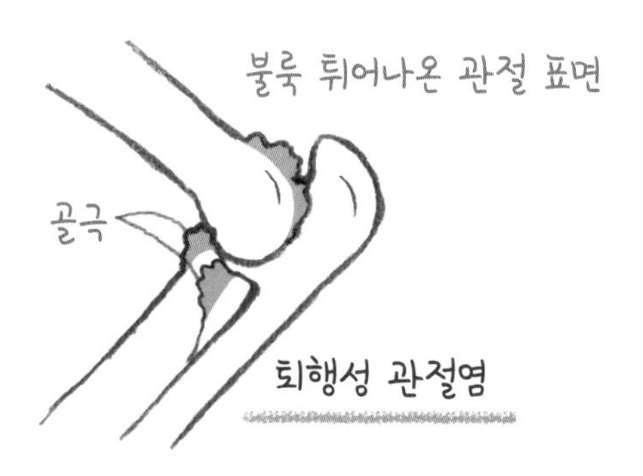

다. 경구 현탁액(經口懸濁液)이므로 사료에 섞어줄 수 있다는 장점이 있다. 약을 투여할 때는 특히 신장 기능을 평가하기 위하여 정기적인 검사(혈액 검사와 소변 검사)를 빼놓을 수 없다. 설사나 구토는 없는지, 충분히 사료와 수분을 섭취하고 있는지 등 가정에서 주의 깊게 관찰하는 것도 중요하다.

또한 **오메가 3 지방산**(DHA* 및 EPA**)에는 관절염의 염증을 억제하고 통증을 완화하는 효과가 있다고 여겨지므로, 이들 성분을 가급적 많이 함유한 사료를 고르도록 하자. 오메가 3 지방산, 글루코사민, 콘드로이틴 황산과 항산화 성분(비타민E, 베타카로틴, 비타민C 등) 등을 많이 포함하고 관절의 건강 관리를 위해 개발된 처방식인 힐스(Hill's)의 고양이용 'j/d'는, 2개월 동안의 급여로 관절염 증상이 약 50%, 인지 기능 장애(**3-10** 참조) 증상이 약 70% 개선되었다는 보고도 있다. 이들 성분을 배합한 다양한 관절 영양제도 판매되고 있다〔**안티놀(Antinol), 코세퀸(Cosequin) 파우더** 등〕. 수의사와 상담 후 보조적으로 이용하면 좋다.

한편 영양제는 약과 다르게 즉효성은 없으므로 몇 주에 걸쳐 지속 투여해야 한다.

그 밖에도, 기능 회복이나 통증 완화에 물리 치료(전기, 레이저, 초음파, 온열·한랭 등을 이용한 치료), 운동 치료나 마사지를 도입한 재활 치료를 제공하는 동물병원도 늘었다. 가정에서도 (특히 추운 시기에는) **온수팩** 등을 이용하여 환부를 따뜻하게 해서 통증을 경감해주자.

통증 때문에 활동력이 저하되어 비만 기미가 보이는 고양이도 있다. 비만하면 관절에 부담이 커지므로 **몸무게를 관리**해야 한다. 또한 관절에 부담이 가지 않는 **적절한 운동**은 관절을 지탱하는 근육량을 유지하기 위해서도 꾸준히 하는 것이 중요하다.

* 〈저자 주〉 Docosa Hexaenoic Acid.
** 〈저자 주〉 Eicosa Pentaenoic Acid.

3-8

변비
~ 심한 것 같으면 동물병원으로

어떤 병인가?

변비는 장내의 내용물(변)이 무언가의 이유로 제대로 옮겨지지 않거나, 장내에 쌓여 있는 시간이 길어지는 등 **배변이 순조롭지 않는 상태**를 말한다. 시니어 고양이의 경우는 장내의 내용물을 이동시키는 수축 운동(장의 연동 운동)의 저하, 운동 부족, 비만, 식이 섬유 섭취 부족, 수분 섭취 부족 등이 원인이 되는 경우가 많지만, 변비 뒤에 병〔만성 신장병, 장의 종양, 골반의 변형, 이물질이나 헤어볼(Hairball) 등〕이나 알 수 없는 스트레스가 숨어 있을 때도 있다.

대변이 장내에 쌓여 있는 시간이 길어지면 수분이 흡수되어 대변이 마르고 딱딱해져서 변비의 원인이 된다. 그리고 나이와 함께 관절이나 복근이 약해지므로 힘을 주며 버텨야 하는 대변을 보는 자세는, 변비가 되면 큰 부담이 된다.

굵고 딱딱한 대변이 장을 막으면 점액성 수분이 빠져나올 때가 있어서 **변비임에도 설사로 착각**하게 되는 경우도 있다. 고양이에 따라 배변의 빈도도 다르므로 2~3일마다 한 번씩 배변하며 상태가 좋은 고양이도 있지만, 혈변, 식욕 부진, 구토, 탈수 등의 증상이 있다면 동물병원에서 진단을 받아보자.

만성적인 변비를 반복하면 결장(結腸)이 확장되어 수축력이 저하되는 **거대 결장증**이라는 병이 되는 일도 있으므로, 약한 수준을 보일 때 가정에서도 다양하게 시험하길 바란다.

고양이의 변비

변비가 되면 배변 자세를 취함에도 대변이 나오지 않거나 토끼 똥처럼 작고 딱딱한 대변밖에 나오지 않을 때가 있다.

자주 나타나는 증상은?

- 식욕 부진 및 구토
- 배변 횟수가 줄어든다.
- 배변 곤란(배변 자세를 취함에도 변이 나오지 않는다.)
- 배변할 때 아파서 운다.
- 딱딱한 대변과 토끼 똥 같은 대변이 나온다.
- 화장실에 자주 간다.
- 배를 만지는 것을 싫어한다.
- 변비가 심할 경우, 하복부를 만지면 딱딱한 대변이 쌓여 있는 것을 확인할 수 있다.

진단 방법은?

증상과 복부의 촉진 및 엑스레이 검사로 대부분 진단 가능하다.

치료법은?

가벼운 변비라면 사료를 개선하고, 수분을 충분히 섭취토록 하고, 마사지(원을 그리듯 배를 부드럽게 쓰다듬는다.)해주고, 배와 엉덩이를 따뜻한 수건을 닦아주고, 적당한 운동(4-9 참조) 등으로 효과를 볼 수 있다. 고양이가 삼키는 털의 양을 줄이기 위해(특히 털이 긴 고양이) 빗질을 하거나 화장실을 항상 청결하게 유지하는 것은 말할 필요도 없다.

사료의 개선에 관해서는 건식 사료를 주고 있다면 미지근한 물에 불려주거나, 수분 함유량이 많은 습식 사료로 바꾸어준다(혹은 반반으로 하는 등). 또한 식이 섬유에는 2종류(불용성과 가용성)가 있으며, 각각 다른 작용을 하므로 식이 섬유를 균형 있게 포함한 사료를 고른다.

불용성 식이 섬유는 물에 녹지 않고 수분을 흡수하고 팽창하여 변의 부피를 늘려 장을 자극해 장의 연동 운동을 활발하게 하는 작용을 하며, 소화되지 않고 변과 함께 배출된다.

한편, **가용성 식이 섬유**는 물에 녹아 젤 형태가 되어 변의 점성을 적정한 수준으로 유지하거나 장내 세포에 의해 발효·분해되어 장내 환경을 정비하는 등의 역할을 한다. 가령 몸무게 조절용 사료에는 식이 섬유, 특히 불용성 식이 섬유를 많이 포함하지만, 마른 고양이에게는 에너지 면에서 적합하지 않을 때도 있다. 또한, 수분을 충분히 섭취하지 않고 식이 섬유의 섭취량만을 늘리면 경우에 따라서는 딱딱한 대변의 양이 늘어서 변비가 악화될 가능성도 있다.

처방식에는 고섬유식인 힐스의 'w/d'나, 2종의 식이 섬유를 균형 있게 포함한 **가용성 식이 섬유**(실리움, 프룩토올리고당 등)를 배합한 변비에 걸린 고양이용인 로얄 캐닌(Royal Canin)의 가스트로 인테스티널(Gastro Intestinal) 등이 있다. 사료의 급여에는 고양이의 체형이나 기초 질환 등의 고려가 필수이므로 수의사와 상담하도록 하자.

식이 섬유나 올리고당, 유당을 통해서도 개선이 가능하다

실리움(실리움 허스크)은 차전초(질경이)의 씨앗을 갈아 분말로 만든 것으로, 가용성 식이 섬유가 풍부하다. 불용성의 특징도 가지고 있어서 장내에서 쉽게 발효·분해되지 않는 성질이 있다.

물에 녹이면 젤 형태로 부풀어 오르고 점성을 유지한 채로 배출되므로, 변비나 설사 증상을 개선하는 효과가 있다.

실리움 분말(순도 100%)은 보조 식품으로 약국 등에서 구입할 수 있으며, 일반 사료와 함께 급여하는 것도 가능하다. 그때는 30배 정도의 양의 물에 녹여서 1~2시간 놔둔 후 젤 형태가 된 것을 사료에 섞는다. 극소량(분말용 스푼으로 1/8 정도)부터 시험해본다. 너무 소량이면 만들기 어려우므로 조금 많이 만들어두고 2~3일 정도라면 냉장고에 보관해도 된다.

장내 환경을 정비하는 작용을 하는 **올리고당**(고순도 분말 유형)을 소량(0.5g 정도) 사료에 더해도 좋다.

그 밖에도 고양이가 좋아한다면 수용성 식이 섬유를 많이 포함한 **호박 페이스트**(베이비푸드 용으로라도)를 작은 스푼 1/2 정도, 혹은 **유당**을 포함한 식품(우유, 플레인 요구르트 등)을 작은 스푼 1개분 정도 줘도 된다(설사를 하면 그만둔다).

보조 식품의 효과는 개묘차가 있으므로 고양이의 취향을 고려하고 상태를 보아 양을 조절한다. 어떤 경우든 **수분을 충분히 섭취하고 있는지를 확인**해야 한다.

한편, 변비가 심해지면 완하제(락툴로오스 등), 장의 운동성을 높이는 약의 투여, 수액 치료(정맥 수액이나 피하 수액), 관장이나 변을 긁어내어 제거하는 등의 처리가 필요해진다. 원인에 따라서도 다르긴 하지만, 거대 결장증 증상이 개선되지 않는다면 외과적 처치가 필요할 수도 있다.

고혈압
~ 망막 박리로 실명할 수도

어떤 병인가?

혈압이란 혈액이 순환할 때 생기는 혈관 내의 압력을 말하며, 심장이 혈액을 밀어내는 힘(심장박출량)과 혈관의 저항이나 탄력성 등에 의해 결정된다. 심장박출량이 늘어나거나 혈관의 저항이 커질수록 혈압이 높아진다. 혈압은 주로 신경계(교감 신경), 내분비계(호르몬) 시스템, 그리고 신장에 의해 조절되며, 다양한 영향(스트레스, 활동, 기온, 하루 동안의 체내 리듬 등)을 받아 변동된다.

사람과 달리 고양이는 **전신성 고혈압**의 대략 80%가 무언가의 기초 질환, 주로 신장병, 갑상선 기능 항진증, 부신피질 기능 항진증, 심장병, 당뇨병, 통증이나 스트레스 등이 원인이 되어 일어나는 2차성 고혈압이다. 이 때문에 고혈압은 필연적으로 이들 병에 걸리기 쉬운 시니어 고양이에게 많이 발생한다. 고혈압은 **병명인 동시에 많은 병의 합병증**이라고도 말할 수 있다.

고혈압은 특히 신장병과 심장병에 밀접한 관련이 있으며, 만성 신장병인 고양이의 대략 20~60%가 고혈압을 함께 앓고 있다. 고혈압인 고양이의 대략 80%에게서 심장 비대(좌심실 비대)가 확인된다는 보고도 있다. 고혈압 상태가 길게 이어지면 혈액 순환 장애가 원인이 되어 기초 질환이 더욱 악화될 뿐 아니라, 많은 장기(특히 눈, 신장, 심장, 뇌)에 부담이 간다.

자주 나타나는 증상은?

다른 장기에 증상이 발생해 병원에 갔다가 고혈압이라고 처음 진단

받는 경우가 많으며, 특히 현저한 것이 **눈의 증상**이다. 고혈압이 원인이 되어 망막 혈관에서 출혈이 있거나, 혈관 안에서 혈액 중의 수분이 밖으로 새어 나오게 되면 **안저(眼底) 출혈**, **안내(眼內) 출혈**이나 **망막 박리(剝離)**가 일어나 고양이의 눈이 빨개 보이거나 밝은 곳에서도 동공이 확대된 채로 있을 때가 있다. 정도는 달라도 양쪽 눈 모두에서 변화를 볼 수 있는 경우가 많다.

시각 장애를 동반하므로 치료하지 않으면 실명하는 일도 있다. 시각 장애가 심해져서 고양이가 눈앞에 있는 물건에 부딪히거나 불안한 움직임을 취하는 경우가 많아진 다음에야 비로소 반려인이 이상을 깨닫는 경우가 적지 않다.

그 밖에는 자주 우는(아마도 머리에 통증을 느껴서) 등의 증상이 나타나는 경우도 있다. 뇌혈관 장애가 발생하면 보행 곤란, 마비, 의식 장애나 경련 발작 등의 증상을 보일 때도 있다.

진단 방법은?

혈압을 측정하여 고혈압을 진단할 수 있다. 그런 다음 증상에 따라 일반 검사나 눈의 장애가 있다면 안저 검사 등을 한다.

혈압 측정은 고양이의 몸에 부담을 주지 않으면서 건강 상태를 판단하는 척도가 되는 검사다. 많은 질환과 혈압의 상관성이 보고되고 있으므로 혈압 측정은 시니어 고양이의 건강 진단에 포함되어 있고, 현재 치료 중인 질환(만성 신장병, 갑상선 기능 항진증 등)의 경과를 관찰하기 위해서도 행해진다.

사람의 경우 병원에서는 물론 가정용 혈압 측정기를 비싸지 않은 가격으로 구입할 수 있기에 가정에서 혈압 측정을 하는 일도 정착되어 있다.

하지만 동물 의료에서는 언제나 혈압 측정이 이루어지지는 않는다.

좀처럼 정착되지 않는 이유 중 하나로, 혈압 측정에 시간이 소요된다는 점을 꼽을 수 있다. 사람의 경우 집에서 혈압 측정을 하면 정상치 범위 이내인데 병원에서 의사나 간호사가 측정하면 긴장하여 평소보다 높게 나오는 **백의(白衣) 고혈압**이라고 하는 현상이 있는데, 이것은 고양이도 마찬가지다. 그러므로 혈압은 한 번만 재는 것이 아니라 측정치가 안정될 때까지(수치가 불규칙한 범위가 20% 이내가 될 때까지) **같은 조건에서 여러 번 측정하여 평균치를 낼 필요**가 있다.

동물병원에서 혈압을 측정할 때는 꼬리나 앞다리(뒷다리에라도)에 커프를 감지만, 고양이가 커프를 싫어해서 빼내려 하는 경우가 많기 때문에 편한 상태에서 혈압을 측정하기란 그렇게 간단하지 않다. 그럴 때는 이동장에서 고양이를 꺼내기 전에 커프만을 감아두고 고양이가 차분해지기를(10분 이상) 기다린 후에 측정한다거나 고양이가 안정될 수 있다면 반려인의 무릎 위에서 측정하는 것도 가능하다.

혈압 측정기에는 다양한 종류가 있는데, 최근 신뢰성이 있으며 빠르고 간단하게 측정할 수 있는 **동물용 혈압 측정기**가 개발되었고, 혈압 측정의 중요성이 인식되고 있기에 개·고양이의 혈압 측정이 점차 보급되고 있는 것도 사실이다.

건강한 고양이의 수축기 혈압(최고 혈압)은, 측정법에 따라 다소 차이는 있지만 통상 80~140mmHg, 확장기 혈압(최저 혈압)은 55~75mmHg다. 고양이의 혈압치는 고혈압에 의해 장애를 입는 장기의 위험의 유무를 기준으로 하여 현재 **다음 페이지**의 표처럼 정하고 있다.

🐾 치료법은?

혈압을 낮추는 치료가 필요해지는 수치는 **'수축기 혈압이 180mmHg 이상, 확장기 혈압 120mmHg 이상'**이라고 여겨지지만, 혈압이 높다고 해서 반드시 혈압을 낮추는 약(혈압 강하제)를 투여해야 하는 것은 아니

[표] 고양이의 혈압치 단위(mmHg)

고혈압에 의해 장애를 입는 장기의 위험	수축기 혈압	확장기 혈압
최소 위험	<150	<95
저위험	150~159	95~99
중등도 위험	160~179	100~119
고위험	≧180	≧120

참고 : 미국 수의 내과 학회(American College of Veterinary Internal Medicine, ACVIM)에 의한 합의 가이드라인(2007년)

정상 혈압 측정치는 110/60mmHg에서 140/80mmHg. 스트레스 상태에서는 160/100mmHg까지 상승할 때도 있으므로, 경우에 따라서는 다른 날에 다시 측정할 필요도 있다.

애완동물용의 혈압계는 초음파 도플러법(좌), 오실로메트릭법(우) 등 몇 가지 종류가 있다. 앞다리나 꼬리에 커프를 감아서 측정한다.
사진 제공 : Petra Grinninger(좌), Brigitte, Ludwig-Kahya(우)

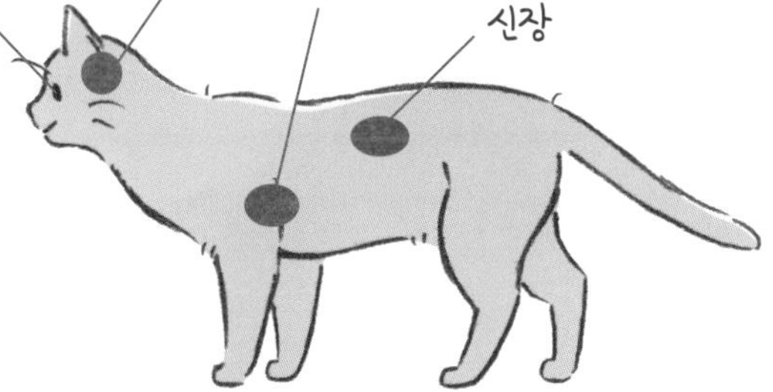

고혈압이 계속되면 많은 장기에 부담이 간다.

고혈압은 병명인 동시에 많은 병의 합병증이기도 하다.

망막 박리로 동공이 확대된 채인 오른쪽 눈. 왼쪽 눈은 안내 출혈도 보인다. 사진 제공 : Petra Grinninger

며, 고양이의 신체 상태나 기초 질환(원인 질환)에 따라 투여의 필요성을 판단하게 된다. 혈압 강하제를 투여할 때는 반드시 정기적으로 혈압을 체크하여 투여량은 조절해야 한다.

통상, 만성 신장병이나 심장병 등 기초 질환의 증상을 완화하기 위해서도 혈압의 관리가 중요하다. 특히 만성 신장병으로 단백뇨가 보이는 경우에는 저위험의 고혈압이라고 해도 혈압 강하제의 투여가 유효하다. 다만 투여 후, 사구체 혈관 내의 혈압이 저하됨에 따라 사구체 여과율이 감소하여 노폐물이 잘 배출되지 않게 되기 때문에 일시적으로 혈액 검사의 신장 기능을 평가하는 수치〔혈액 요소질소(BUN)나 크레아티닌(Cre)〕가 상승할 때도 있다.

안저 출혈이나 망막 박리에서는 혈압이 200mmHg 이상으로 상승한 경우가 많으며, **조기에 혈압 강하제로 치료를 시작하면 시력이 회복되는 경우도 있으므로**, 곧바로 동물병원에서 진단을 받길 바란다.

고양이의 혈압 강하제는 크게 두 종류가 있다. 혈관 평활근의 세포막에 존재하는 칼슘 이온 유입의 경로를 저해하여 칼슘 이온이 세포 내에 흘러드는 것을 막음으로써 혈관의 수축을 억제하고 강압 효과를 나타내는 **칼슘 통로 저해제**(암로디핀 및 딜티아젬). 그리고 레닌-안지오텐신계라고 하는, **체액량과 혈액 순환을 유지하는 조절 기능에 작용하는 혈압 강하제**다.

이에는 **안지오텐신 전환 효소(ACE) 저해제**나 **안지오텐신II 수용체 길항제(ARB)**가 있다. 종래의 ACE 저해제, 예를 들어 베나제프릴〔포르테코(Fortekor)정〕이나 에날라프릴〔에나카르드(Enacard)정〕은 안지오텐신Ⅰ이 Ⅱ로 변환하는 것을 저해함으로써 혈압을 낮추는 효과를 나타낸다.

그리고 최근 동물 의료에서 승인된 ARB, 텔미사르탄〔세민트라(Semintra) 경구 액제〕은 안지오텐신Ⅱ의 2가지 수용체(리셉터AT1, AT2) 중 **AT1 수용체가 일으키는 작용**(혈관 수축 및 나트륨 축적, 신장 사구체 내의 혈압 상

[그림] 레닌-안지오텐신계의 작용 이미지

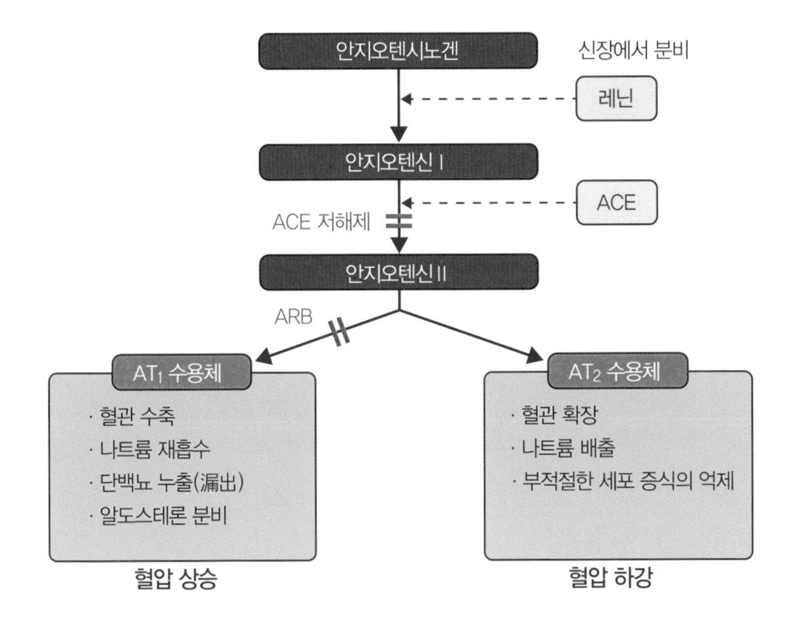

승에 의한 단백뇨 누출 등)만을 **선택적으로 저해**함으로써 혈압을 낮춘다.

고혈압이나 비대형 심근증에는 칼슘 통로 저해제나 ACE 저해제가, 만성 신장병으로 단백뇨나 고혈압을 보이는 경우라면 신장 보호 작용이 강한 ACE 저해제나 ARB가 첫 번째 선택이 된다. ARB는 단백뇨의 누출을 억제하는 효과가 크며, 탈수 증상 없이 검사 결과에 명백하게 단백뇨가 나타나는 경우에 효과적이다. 경구 액제이므로 첨부된 실린지로 직접 입 옆쪽으로 투여할 수도 있고, 즐겨 먹는 사료에 소량(티스푼 분량)을 뿌려서 줄 수도 있기에, **고양이가 받아들이기 쉽다는 이점**도 있다.

인지 기능 장애

~ 고양이가 안심할 수 있는 환경을 마련한다

어떤 병인가?

인지 기능이 나이와 함께 저하하는 **인지 기능 장애**(Cognitive Dysfunction Syndrome：CDS), 그중에서도 **알츠하이머형 인지증**이라는 병명은 많은 사람이 들어본 적이 있을 것이다.

개나 고양이에게서도 사람의 알츠하이머형 인지증과 비슷한 인지 기능 장애가 발병하는 것으로 알려져 있다. 개나 고양이의 수명이 지금처럼 길지 않았던 몇십 년 전에는 들어본 적이 없는 병이기에 비교적 새로운 병이라 할 수 있다.

고양이에게는 개와 비교하면 많지 않다(증상이 두드러지지 않는다)고 지금까지 여겨져왔지만 최근의 연구에서는 시니어기(11~14세)에는 약 30%, 노년기(15세 이상)에 들어서면 약 50%의 반려 고양이에게 **인지 기능 장애에 동반되는 행동 변화**가 확인된다는 보고도 있다.

사람이나 개와 마찬가지로 나이를 먹어감에 따른 뇌의 혈관 장애, 활성 산소(프리라디칼)의 증가, 베타 아밀로이드나 타우 단백질이라고 하는 단백질의 침착 등에 따라 뇌의 신경 세포가 손상된다.

손상된 세포를 회복하는 능력도 나이가 들수록 쇠퇴하며, 신경 세포의 감소나 뇌의 위축 등 뇌의 조직 구조에 변화가 생기고, 그 결과 신경 세포 간의 전달 능력이 방해를 받아서 **다양한 행동 변화**를 불러일으킨다.

사람이나 개의 경우 유전, 식생활, 생활 방식 등이 크게 영향을 끼친다는 것이 알려져 있지만, 고양이의 경우에는 현재 연구가 진행되고 있는 중이다.

자주 나타나는 증상은?

- **곤혹스러워하고 방향 감각이 떨어진다.**

구체적인 예
· 익숙한 장소에서 방향을 잘 찾지 못한다.
· 목적도 없이 비트적비트적 걷는다.
· 좁은 곳에서 나오지 않는다.

- **반려인에 대한 태도가 달라진다.**

구체적인 예
· 반려인(가족이나 동거 애완동물)을 인식하지 못한다.
· 반려인이 쓰다듬거나 같이 노는 것을 싫어한다.
· 불안한 듯 반려인을 졸졸 따라다닌다.

- **수면 사이클이 이상해진다.**

구체적인 예
· 낮에 자는 시간이 길어진다.
· 밤에 자는 시간이 짧아진다.

- **학습 및 기억**

구체적인 예
· 화장실의 위치를 알지 못하고 화장실 이외의 장소에서 실수(소변 및 대변)를 한다.
· 밥을 먹은 사실을 잊고 밥을 달라고 보챈다.
· 지금까지 이해하던 신호를 잊어버린다.

- **활동성의 변화**

구체적인 예
· 주위에 흥미를 보이지 않고 반응이 둔해진다.
· 그다지 털을 고르지 않는다.
· 식욕에 변화가 생긴다(많은 경우 식욕 저하).

- **불안이나 자극에 대해 과민해진다.**

구체적인 예
· 겁내거나 화를 내는 것처럼 보인다(드물게 공격적).
· 과도하게 운다(특히 한밤중).

🐾 진단 방법은?

인지 기능 장애의 증상은 노화의 신호 혹은 병의 신호(특히 시청각 기능의 저하, 골관절염, 만성 신장병, 갑상선 기능 항진증, 고혈압, 당뇨병, 뇌종양 등)와 겹치는 일도 많아, 진단이 쉽지 않다. 실제로 시니어 고양이에게는 **인지 기능 장애와 함께 다른 병이 함께 발병하는 경우도 많으므로**, 필요한 검사(신체검사, 혈액 검사, 소변 검사, 엑스레이 검사)를 통해 고려할 수 있는 모든 질환을 배제한 후 최종적으로 신중하게 진단을 내린다.

🐾 치료법은?

안타깝게도 이렇다 할 치료법은 없지만, 가능한 한 초기 단계에서 식이 요법 및 환경의 개선, 적절한 운동 및 뇌에 자극을 주는 놀이를 도입하여 **병이 가급적 진행하지 않도록 하는 것이 중요**하다.

식이 요법에서는 인지 기능 장애의 예방이나 증상을 완화하기 위하여 체내의 활성 산소를 제거하는 작용을 하는 **항산화 성분**(비타민E, 베타카로틴, 비타민C 등)이나 인지 기능 저하나 뇌 위축을 억제하는 작용을 기대할 수 있는 **오메가 3 지방산**(EPA나 DHA)을 가급적 많이 함유한 사료(고령 고양이용 사료)를 섭취하는 것이 권장된다.

EPA나 DHA, 항산화 물질을 포함한 영양제도 많이 시판되고 있다. 예를 들어 액티베이트 캣(Aktivait Cat)은 그중 하나로 꼽을 수 있다. 영국 제품이지만 흥미가 있는 사람은 수의사에게 문의해보자.

프리라디칼에 의한 손상을 막는 항산화 작용을 하는 물질 알파(α) 리포산을 포함한 애완동물용이나 애완견용 영양제도 있지만, 알파 리포산은 사람이나 개와 비교할 때 고양이에게는 10배나 더 독성이 있다고 알려져 있다. 반려동물용이라는 이유로 안이하게 주지 말고 반드시 성분을 확인하자. 한편, 알파 리포산을 배합한 사람용 다이어트계나 안티에이징계 영양제도 있으므로 고양이가 잘못해서 먹지 않도록 주의하기 바란다. 사망 사고도 발생하고 있다.

치료약으로는 신경 전달 물질 중 하나인 도파민의 양을 늘리는 약인 **셀레길린**〔아니프릴(Anipryl) 등〕이나, 뇌의 혈류 증가를 촉진하는 약이 이용된다. 셀레길린은 본래 사람의 파킨슨병을 치료하는 약인데 개나 고양이의 인지 기능 장애 증상을 개선하는 효과가 있다는 것이 발견되어 미국과 유럽에서는 개의 인지 기능 장애의 치료약으로 허가받았다. 고양이에게는 아직 실증례가 많지 않다.

고양이에게 다정하게 대한다

중요한 것은 고양이가 안심할 수 있는 쾌적한 환경을 마련하는 것(4-8 참조), 특히 고양이에게 스트레스를 주는 **큰 변화를 피하는** 것이다. 그리고 그루밍이나 스킨십을 통해 가족 모두가 편안한 마음으로 다정하게 대하여 고양이를 안심시키고 정신적·육체적으로 적절한 자극을 줄 수 있도록 고양이가 좋아하는 놀이를 연구해보자.

반려인을 가장 곤란하게 하는 증상 중 하나가 **한밤중에 우는 것**이다. 고양이가 '밥 주세요.', '방에 들여보내주세요.' 등 반려인에게 무언가를 요구하며 우는 것과는 다르게, 별다른 목적 없이 큰 소리로 계속 울어댄다. 그럴 때는 **상냥하게 말을 걸거나 쓰다듬어주어 고양이를 안심시키자.**

우유의 성분인 알파-S1 트립신 카세인을 포함한 개·고양이용 건강 보조 식품 **질켄**(Zylkene)에는 불안을 완화하는 효과가 있으니 시험 삼아 먹여보는 것도 좋다.

왜 독일에서는 습식 사료가 주를 이루는가?

독일에서도 일본과 마찬가지로 다양한 고양이 사료가 판매되고 있어 반려인을 고민하게 만든다. 하지만 양국의 반려동물 사료 판매대를 비교하고 가장 먼저 깨달은 사실은 독일에서는 캔, 사각 알루미늄 캔, 레토르트 파우치 등의(대체로 85~100g) **종합 영양식**인 습식 사료의 종류가 압도적으로 많다는 사실이다.

습식 사료는 종합 영양식, 일반식, 간식 등 다양한 종류가 있는데 독일에서 판매되는 습식 사료의 대부분은 종합 영양식이다. 슈퍼마켓에도 여러 종류의 종합 영양식 습식 사료가 반드시 진열되어 있다.

양국의 고양이 사료 시장(2015년)을 차지하는 건식 사료와 습식 사료의 비율을 비교해보면 독일에서는 1 : 3.6, 일본은 1 : 0.85다. 수분 섭취량과 단백질 중시, 기호성이라는 점에서 독일에서는 습식 사료가 추천되고 있는데 일본에 비해 습식 사료 단가가 낮다는 점도 보급 이유 중 하나이리라.

독일에서 고양이 간식은 일본과 같은 상품이나 비슷한 상품도 많이 판매되고 있는데 고양이용 육포가 많이 판매되고 있다. 육포는 부드럽고 가느다란 막대 형태로 하나씩 개별 포장되어 있으며 다양한 맛이 있다. 대부분 고양이는 이 육포를 아주 좋아한다. 1cm 정도로 자른 육포에 약을 끼워서 먹이거나 식욕이 없을 때 조금씩 떼어서 사료 위에 토핑처럼 뿌려주는 등 무척 애용하는 간식이다. 일본의 **가다랑어포**에 필적할지도 모른다.

제 4 장

시니어 고양이에게 적합한 식이와 환경

시니어 고양이에게 알맞은 사료는?
~ 사료 포장지의 기재 사항을 반드시 확인한다

매일 찾아오는 식사 시간은 고양이에게 가장 두근거리는 순간이다. 고양이가 맛있게 먹는 모습을 보면 주는 사람도 행복해진다. 고양이가 맛있게 먹고, 건강을 유지할 수 있으며, 안심할 수 있는 재료로 만들고, 가격까지 합리적인 사료가 있다면 더할 나위 없으리라.

고양이에게 필요한 영양소가 균형 있게 들어 있는 이른바 **종합 영양식**이라고 하는 사료를 주식으로 주는 반려인이 대다수일 것이다. 하지만 종류가 너무 많다 보니, 알아보면 볼수록 "어떤 사료가 좋을지 모르겠네." 하는 반려인도 많지 않을까?

우선은 사료 포장지에 적힌 항목에서 원재료명, 성분(보증 성분), 대사 에너지(칼로리 함유량)를 확인하자. **원재료명은 함유량이 많은 순으로 기재**되어 있다. 원재료가 육류나 어패류이고 애매한 표현(미트밀, 피시밀)이 아닌 원료의 명칭(닭, 칠면조, 참치, 가다랑어 등)이 확실히 쓰여 있는 사료라면 일단 안심이다.

곡물(옥수수, 밀, 쌀 등)이 처음에 적혀 있으면 탄수화물을 많이 포함하는 것으로 본다. 최근에는 곡물은 전혀 포함하지 않는〔**그레인 프리(Grain Free)**〕, 탄수화물 비율을 낮춘 건식 사료도 여러 종류 나와 있지만 곡물을 포함하지 않아도 고구마류나 콩류에서 나오는 탄수화물을 많이 포함하는 사료도 있으므로 **그레인 프리가 반드시 저탄수화물을 의미하지는 않는다.**

산화 방지제는 사료의 안전성을 유지하기 위해 필요한데, 합성 산화 방지제가 아니라 천연 산화 방지제가 사용되었거나, 합성 착색료·향료 등의 첨가물이 포함되어 있지 않은 사료라면 안전성이 높다고 할 수 있다. 원재료명 난에 모르는 말이 나오면 어떤 물질인지 인터넷으로 검색해보자.

각 성분의 비율을 체크한다

성분은 보통, 단백질, 지방(지질), 섬유, 회분(灰分), 수분의 대략적인 함유량이 퍼센트(%)로 표시되어 있다. 탄수화물(%)은 기재되어 있지 않지만 대략적으로 **탄수화물(섬유질을 제외한 탄수화물)≒100-(단백질+지방+섬유+회분+수분)**으로 생각하면 된다. 미국 사료 관리 협회(AAF-CO)에서 발표한 고양이용 영양 기준의 가이드라인에는 고양이에게 중요한 영양소인 단백질, 지방 각각의 최소 필요량(건조 중량당)은 각각 26%, 9%로 되어 있다. 시장에 나와 있는 거의 모든 사료는 이 기준치를 만족하지만, 원재료의 질이나 소화 흡수율 등을 정확히 확인하기란 어려운 것이 현실이다.

이 밖에도 (상품에 따라 다르지만) 미네랄이나 비타민 등의 성분 함유량도 기재되어 있다. 그리고 **대사 에너지**라고 하는, 체내에서 이용할 수 있는 열량과 급여량의 기준(사료 100g당)이 기재되어 있다.

어떤 사료로 선택해야 할지 망설여진다면 제조업체 홈페이지 등을 참고로 다양한 정보를 적어두고 비교해보면 차이가 뚜렷이 보일 수도 있다. 아무리 반려인이 최적의 사료를 준다 해도 정작 고양이가 본체만체한다면 아무 소용없겠지만…….

건식 사료 vs. 습식 사료

사료는 수분 함유량의 차이에 따라 건식 사료(수분 10% 전후)와 습식 사료(수분 70~80%) 등으로 분류된다. 참고로 쥐의 몸은 약 70%가 수분이다. 습식 사료에는 수분이 많이 포함되어 있으므로 가령 습식 사료만으로 같은 양의 에너지를 얻기 위해서는 **건식 사료의 약 4배**를 먹어

야 한다.

습식 사료는 원래 육식 동물인 고양이의 자연 식이에 가까운 식감과 영양 균형으로, 수분도 충분히 포함되어 있다는 장점이 있다. 하지만 주식으로 급여할 수 있는 **종합 영양식**의 종류는 그다지 많지 않다. 한편, 건식 사료는 습식 사료에 비해 보존하기 쉽고 가격이 비싸지 않다는 장점이 있다. 또한 질병의 식사 관리를 위한 처방식에는 건식 사료가 많은 것도 사실이다.

재해 등의 비상시에는 제한된 형태의 사료만 구할 수 있는 것도 고려하면 새끼 때부터 다양한 형태나 맛의 사료를 급여해서 편식하지 않도록 길들인다면 더 안심할 수 있다.

🐾 건식 사료에는 탄수화물이 많다

고양이도 **3대 영양소**로 불리는 **단백질, 지방, 탄수화물**에서 열량을 얻는데 사료의 종류에 따라 이 비율에는 큰 차이가 있다. 건식 사료, 습식 사료, 쥐의 에너지 균형을 비교해보면 건식 사료는 보통 에너지원의 무려 30~45%를 탄수화물이 차지한다. 고기나 생선보다도 값싼 곡물을 사용하면 그만큼 제조 비용을 낮출 수 있기 때문이다.

원래 순수한 육식 동물인 고양이의 영양소 균형을 고려하면 탄수화물은 고양이에게 그리 중요한 영양소는 아니다. '탄수화물 비율이 높은 사료가 고양이의 비만과 당뇨병의 원인은 아닐까?' 하는 생각에 수많은 연구가 진행되었지만 그 사실 관계를 증명할 연구 보고는 아직까지는 없는 듯하다. 그래도 고양이에게 필요한 영양소의 균형을 고려하면, **총 열량의 최소 55% 이상을 단백질과 지방에서 섭취**해야 한다.

[그림] 에너지원으로서 3대 영양소의 비율

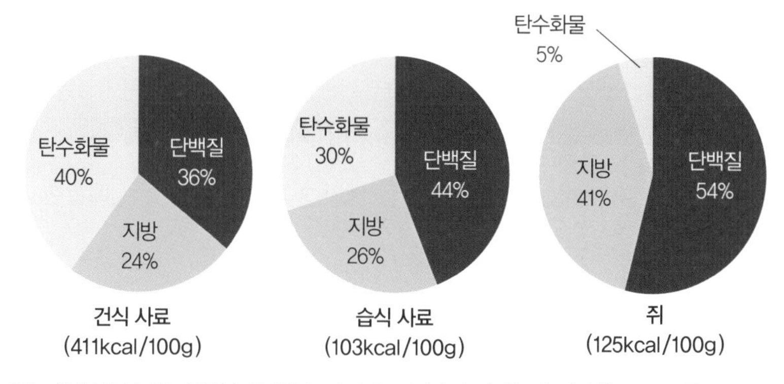

예는 힐스에서 나온 사료인 사이언스 다이어트 '시니어 치킨(7세 이상)'. 모두 종합 영양식

시니어 고양이의 식이

라이프 스테이지에 맞춘 시니어용(~세부터, 고령 고양이용, 노령 고양이용 등) 사료는 명확한 표시 기준은 없다. 성묘용 종합 영양식의 기준에 부합하는 사료를 기본으로 **이것저것 궁리**하여 만든 것이다.

가령 3대 영양소(단백질, 지방, 탄수화물)의 비율이 조정되어 있다. 이들 영양소는 각각 고양이 몸에서 1g당 지방은 약 8.5kcal, 단백질과 탄수화물은 대략 3.5kcal의 에너지로 변한다. 지방 비율이 높은 사료일수록 에너지 밀도가 높은 고칼로리 사료다. 따라서 살찌기 쉬운 중년용(7세경부터) 사료는 저지방·저칼로리로, 반대로 식사량이 줄어드는 시니어용(12세경부터) 사료는 소량이라도 필요한 영양이나 칼로리를 섭취할 수 있도록 고지방·고칼로리로 조절하는 경우가 많다. 또한, 인이나 나트륨 함유량을 낮추거나, 내장 기능이 떨어지는 시니어 고양이를 위해서 소화가 잘되는 원료가 사용되기도 한다.

그 밖에도 면역력을 유지하는 **항산화 성분**(비타민E, 비타민C, 베타카로틴), **오메가 3 지방산**(DHA나 EPA)이나 **오메가 6 지방산**이 알맞게 포함되어 있고, 관절 건강을 유지하기 위한 성분이 섞여 있는 제품도 있다.

제조 회사에 따라 성분에도 큰 차이가 있으므로 우리 고양이의 건강 상태에 따라 신중히 고르도록 하자. 고양이가 7세가 되었다고 해서 갑자기 7세 이상용 사료로 바꿀 필요는 없다. 다만, 시니어기(11세 이상)에 들어가면 **양질의 단백질을 포함하여 면역력을 유지하는 항산화 성분이나 염증을 억제하는 작용이 있는 오메가 3 지방산을 충분히 배합한 사료**를 추천한다.

🐾 수분 보충에 탁월한 습식 사료

그리고 수분 섭취가 부족하기 쉬운 시니어 고양이가 충분히 수분을 섭취할 수 있도록 **습식 사료 비율을 늘리자**. 가령 하루 중 한 끼는 습식 사료, 그 외에는 건식 사료, 혹은 건식에 습식을 섞는 등 양쪽을 잘 조합하면 수분 섭취량도 늘고 매일 먹는 식사 '메뉴'도 충실해진다. 시간이 있는 반려인이라면 가끔은 고양이가 좋아하는 신선한 재료(닭 가슴살, 흰살생선, 달걀 등)를 양념 없이 조리해서 소량(20% 이내) 급여하면 메뉴가 더욱 다양해진다.

단, 그것에 맛을 들여서 주식 사료를 먹지 않게 되면 곤란하므로 **소량을 가끔씩만** 급여해야 한다. 고양이가 매우 좋아하는 음식을 몇 개 알아두면 식욕이 없을 때 토핑으로 이용할 수 있다. 다만 비만한 고양이는 그만큼 주식 사료의 양을 줄여야 한다.

고양이도 저마다 다르다. 우리 고양이의 건강 상태(그루밍이나 배설물의 상태 등)를 매일 관찰하면서 동시에 **우리 고양이가 맛있게 먹는 식사, 우리 고양이에게 최적의 영양 균형과 에너지 균형을 제공하는 식사, 나아가 이상(理想) 체형과 이상 체중을 유지하는 식사를 적당량 급여하는 것**이 건강을 유지하는 길이다.

4-2에서는 '보디 컨디션(Body Condition)'에서 이상 체중까지, 고양이가 하루에 필요한 열량을 파악한 후 살이 찌기 쉬운 중년기와 살이 빠

지기 쉬운 시니어기로 나누어 각각에 적합한 사료와 급여 방법을 구체적으로 살펴보겠다.

[그림] 시니어 고양이의 식이 포인트

질병이 발견되었다면 처방식을 준다. 또한 이상 체형, 이상 체중 유지가 중요하다.

고양이의 '이상 체중'을 재는 방법
~ 신체 충실 지수로 확인한다

우선은 현재 고양이가 통통한지 아니면 말랐는지 파악하기 위해서는 **이상(理想) 체중**을 파악하는 것이 중요하다. 고양이의 이상 체중은 그 고양이의 1세부터 1세 반경의 몸무게가 기준이 되는데 그 시기에 몸무게를 측정하지 않았거나 몇 살인지 알 수 없는 성묘를 집으로 데려올 수도 있다.

그럴 때는 **신체 충실 지수**(Body Condition Score : BCS)를 참고하여 이상 체중을 측정한다. BCS에는 **5단계**로 나누는 것과, 더욱 자세하게 **9단계**로 나누는 것이 있다. 5단계의 BCS에서는 3(이상적인 체형)부터 단계가 1씩 늘거나 줄 때마다 **이상 체중의 약 20%의 증감**이 있다고 간주한다. 가령 4(약간 비만)라면 이상 체중에서 약 20% 초과, 3과 4의 중간 정도라면 이상 체중에서 약 10% 초과다. 과잉 체중을 안다면 이상 체중을 다음 계산식으로 계산한다.

$$\text{이상 체중} = \frac{100(\%)}{100(\%)+\text{과잉 체중}(\%)} \times \text{현재의 체중}$$

예를 들어 현재 5/5(비만) 단계로 몸무게 7kg인 고양이의 이상 체중을 구해보자. 이상 체중은 $\frac{100}{100+40} \times 7 = 5$로, 5kg이 나온다. 반대로 2/5(약간 마름) 단계라면 몸무게가 이상 체중에서 약 20% 적으므로 몸무게가 3kg인 고양이의 이상 체중은 $\frac{100}{100-20} \times 3 = 3.75$로, 이상 체중은 3.75kg이다. 대략적인 이상 체중을 파악했다면, 비만(약간 비만), 너무 마름(약간 마름) 상태에 대한 대책을 생각해보자.

[그림] 신체 충실 지수(Body Condition Score : BCS)

단계	체형	몸무게(상태)	평가 포인트
1/5		너무 마름. 이상 체중의 약 60%	단모종(短毛種)은 갈비뼈·허리뼈 등의 뼈가 확실히 보이고 쉽게 만져진다. 허리가 현저히 들어가 있다. 체지방이 만져지지 않고 복부가 뚜렷이 움푹 들어갔다.
2/5		약간 마름. 이상 체중의 약 80%	단모종은 갈비뼈·허리뼈 등의 뼈가 보이고, 쉽게 만져진다. 허리가 확실히 들어가 있다. 복부에 약간의 체지방이 있다.
3/5		이상 체중	약간의 지방에 덮인 갈비뼈가 만져진다. 허리가 적당히 들어가 있다. 복부에 얇은 지방층이 있다.
4/5		약간 비만. 이상 체중의 약 120%	중간 정도의 지방으로 뒤덮여 갈비뼈를 만지기가 어렵다. 복부는 둥그스름하고 허리의 잘록함이 거의 없다. 복부는 중간 정도의 지방층으로 뒤덮여 있다.
5/5		비만. 이상 체중의 약 140%	두꺼운 지방으로 뒤덮여 있어서 갈비뼈가 만져지지 않는다. 복부는 팽창했으며 허리의 잘록함이 없다. 가슴, 허리, 네 다리 등에 두꺼운 지방이 붙어 있고 배가 과잉 지방층으로 뒤덮인 나머지 늘어져서 처져 있다.

뚱뚱한 고양이, 다이어트는 어떻게 시킬까?
~ 반려인이 몸무게와 식이 관리를 해야 한다

뚱뚱한 고양이도 애교 있고 귀엽긴 하다. 그러나 비만은 만병(특히 당뇨병, 고양이 간 지방증, 하부 요로 질환, 관절염, 피부병 등)의 근원이다. 심지어 **비만 고양이는 이상 체중을 유지하는 고양이보다 평균 수명이 짧다**는 보고도 있다.

특히 필요한 열량이 25~35% 감소하는 중성화 수술을 한 고양이, 나이로는 특히 5~11세 무렵에 살찐 고양이가 많으며, 에너지 밀도가 높은 건식 사료를 언제든 먹을 수 있도록 자율 급식하는 것도 비만의 위험 요인으로 꼽히고 있다. 고양이의 비만을 막기 위해서는 **반려인의 식이 관리**가 중요하다.

고양이가 살찌는 것은 섭취 칼로리와 소비 칼로리의 균형이 맞지 않기 때문이다. 다시 말해 **너무 많이 먹거나**(과도한 에너지 섭취) **운동이 부족**(불충분한 에너지 소비)한 탓이다. 반려인은 적정량의 사료를 준다고 생각할지 몰라도 실제로는 지나치게 칼로리를 많이 섭취하는 경우가 자주 있다.

가령 "사료를 재지 않고 눈대중으로 준다.", "냥냥거리며 조를 때마다 가족 모두가 저마다 간식을 준다.", "고양이가 여러 마리라 어떤 고양이가 얼마나 먹는지 모른다.", "(이상 체중이 아니라) 현재의 살찐 상태의 몸무게(사료 포장지에 적혀 있는)에 맞추어 사료를 준다.", "칼로리가 낮은 감량용 사료이기에 안심하고 마음껏 준다."와 같은 경우다. 사료 포장지에 적혀 있는 참고 급여량은 어디까지나 참고용이다. **반려인이 정확히 양을 조절**해야 한다.

하루에 필요한 열량을 파악한다

우선은 **고양이에게 하루에 필요한 열량(칼로리)을 알아야** 한다. 이 에너지량을 구하는 복잡한 계산식이 여럿 고안되었지만, 계산식에 따라 수치가 크게 차이 난다. 가장 간단한 것은 중성화 수술을 하고, 집 안에서 키우는 평균적인 몸무게(3~5kg)의 성묘에게 필요한 열량을 **몸무게 1kg당 약 55kcal로 생각하는 방법**이다.

단, 몸무게 1kg당 필요한 열량은 몸무게가 늘면 점차 감소하므로 몸무게가 5kg 이상이거나 활동량이 적은 고양이는 45~55kcal, 반대로 몸무게가 3kg 이하이거나 활동량이 많은 고양이는 55~65kcal 정도로 생각한다.

하루에 필요한 열량을 파악한 후 감량이 필요한 경우라면 거기에서 **30~40% 줄인다.** 가령 이상 체중이 5kg인 비만 고양이(현재 몸무게 7kg)를 예로 들어보자. 필요한 열량은 일반적으로 275kcal(5×55)인데, 감량이 필요한 경우에는 섭취 칼로리를 35% 줄인 179kcal다. 혹은 더욱 간단한 방법으로서, 비만 고양이에게 하루에 필요한 에너지량을 이상 체중 1kg당 약 35kcal(30~40kcal)라고 생각해도 상관없다.

하루에 필요한 열량을 안다면 그것을 바탕으로 급여량을 계산할 수 있다.

[표] 성묘에게 하루에 필요한 에너지

몸무게	몸무게 1kg당 필요한 에너지량(kcal)
3kg 이하, 활동량이 많음	55~65
3~5kg	55
5kg 이상, 혹은 활동량이 적음	45~55

$$1\text{일 급여량} = \frac{\text{하루에 필요한 에너지량}}{\text{대사 에너지}} \times 100$$

가령 100g당 대사 에너지가 '380kcal/100g'이라고 적혀 있는 건식 사료라면 1일 급여량은 $\frac{179}{380} \times 100 \fallingdotseq 47$로, 47g이 된다. 급여하는 양을 한 번 정확히 재서 컵 등에 눈금을 그려두자.

수분이 많은 습식 사료는 다이어트에 적합하다

습식 사료(종합 영양식)를 주는 경우라면, 주는 양(칼로리량)만큼을 **건식 사료에서 줄여야 한다.** 가령 위에 적힌 양의 건식 사료를 먹는 고양이에게 1캔에 85g인 습식 사료를 주는 경우를 생각해보자.

$$\text{줄일 건식 사료의 양} = \frac{\text{급여하는 습식 사료양의 대사 에너지}}{\text{건식 사료의 대사 에너지}} \times 100$$

습식 사료의 라벨에 100g당 대사 에너지가 '85kcal/100g'이라고 쓰여 있다면 급여하는 1캔분(85g)의 대사 에너지는 약 72kcal이므로, 줄일 건식 사료의 양은 $\frac{72}{380} \times 100 \fallingdotseq 19$ 가 된다. 즉 건식 사료를 19g 줄여서 28g(47-19) 주면 된다는 말이다. 계산이 귀찮다면 '40~50g의 습식 사료에 대해 건식 사료를 약 10g 줄인다.'라고 생각해도 좋다.

근육을 유지하면서도 섭취 칼로리는 낮아지도록 저지방·고단백으로 조정하고, 포만감을 유지하기 위해 식이 섬유를 많이 포함한 L카르니틴(지방산을 연소시키는 작용을 하는 아미노산)을 배합한 사료도 여러 회사에서 나와 있다. '다이어트용', '몸무게 관리' 등의 말을 곧이곧대로 믿기보다는 반드시 **성분을 확인하여 저지방·고단백·저칼로리인지 확인**하자.

또한 수분을 많이 포함하여 에너지 밀도가 낮은 습식 사료가 다이어트에 더 적합하므로 **고양이가 잘 먹는다면 습식 사료(종합 영양식)의 비**

율을 늘리는 편이 효과적이다. 급여할 때는 소화를 돕기 위해 에너지 소비를 늘리거나, 공복 시간을 줄이기 위해서 하루에 급여할 총량을 여러 번 나누어 준다.

칼로리를 소비하고 근육을 유지하기 위해서라도 적절한 운동이 중요하다는 것은 굳이 말할 필요도 없다. 직접 놀아주거나 사료 찾는 놀이를 하면 좋다(4-9 참조). 다이어트는 절대로 무리하지 말고 반드시 일주일에 한 번은 고양이의 몸무게를 재서 **주 1~2% 정도의 몸무게 감소를 목표**로 시간을 오래 들여야 한다. 몸무게가 줄지 않거나 반대로 급격히 주는 경우에는 섭취 칼로리(급여량)를 5~10% 선에서 조절한다.

[그림] 이상적인 다이어트는 장기 계획으로

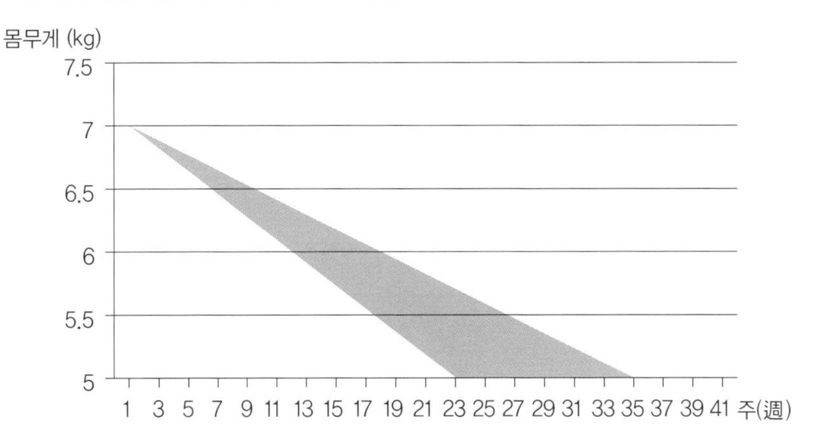

가령, 현재 몸무게가 7kg이고 이상 체중이 5kg이라면 그래프의 분홍색 기간 내(23~35주)의 다이어트가 이상적이다.

마른 고양이에게 어떻게 식이를 급여해야 하는가?

~ 살이 빠지는 원인을 파악한 후 식이를 조절한다

몸무게 감소는 시니어 고양이가 많이 걸리는 병의 한 증상인 경우가 많다. 질병에 따라서는 식이 관리를 목표로 한 처방식이 필요할 수도 있으므로, 우선은 몸에 문제가 없는지 건강 검진을 하는 것이 중요하다. 특히 식욕이 없는 탓에 잘 먹지 않아서 마르는지(만성 신장병, 관절염의 통증 등), 식욕이 있는데도 먹는 걸 어려워하는지(치주병이나 구강 내 편평 상피암 등의 구강 내 질환), 먹는데도 마르는지(당뇨병, 갑상선 기능 항진증, 악성 종양 등)를 정확히 파악하는 것이 중요하다.

한편 **2-2**에서 말했듯이 건강한 고양이라도 시니어기에 들어서면 살이 빠지는 경향이 있다. 일상적인 활동을 하면서 몸무게를 유지하는 데 필요한 열량(유지 에너지 요구량)은 사람과 개의 경우 나이를 먹으면 감소하지만 고양이의 경우 시니어기에 들어갈 무렵 다시 약간 상승한다. 이 시기에는 영양 소화 기능(12세 무렵부터 지방의 소화 기능, 14세 무렵부터 단백질의 소화 기능)이 서서히 떨어져 **섭취한 영양소를 효과적으로 흡수할 수 없게 되기 때문**이다.

나아가 내장 기능이 저하하면 후각과 미각도 쇠퇴하여 **입이 짧아지고, 몸무게 감소에 박차를 가하게** 된다. 음식에 대한 기호가 변하고 제멋대로(편식) 굴 수도 있다.

마른 시니어 고양이는 내장 기능과 근육을 유지하기 위해서라도 소화가 잘되는 양질의 단백질이 많이 들어 있고 필요 영양소가 균형 잡혀 있으며 몸무게가 유지되도록 충분한 에너지를 공급해주는 **고지방·고칼로리** 사료가 좋다. **4-1**을 참고하여 사료 포장지를 철저히 확인한 후 고양이의 기호에 맞는 사료를 고르도록 하자. 마른 고령의 고양이를

[표] 식재료에 따른 미네랄 함유량의 차이

	가다랑어포	건멸치	건식 사료※
칼슘(%)	0.028	2.2	1.2
인(%)	0.79	1.5	1
나트륨(%)	0.13	1.7	0.38
마그네슘(%)	0.07	0.23	0.08
수분(%)	15.2	15.7	12
칼로리(kcal/100g)	356	332	350

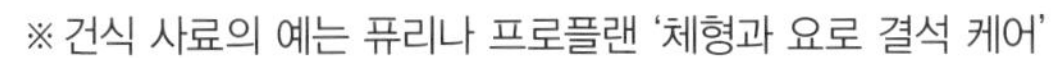
※ 건식 사료의 예는 퓨리나 프로플랜 '체형과 요로 결석 케어'

위한 처방식도 있으므로 잘 모르겠을 때는 담당 수의사와 상담해보자. 고양이가 건식 사료를 먹기 어려워한다면 미지근한 물이나 닭 가슴살, 생선을 데친 물에 불리거나 고양이가 좋아하는 음식이나 습식 사료를 토핑처럼 약간 얹어주면 좋다.

식재료의 미네랄 함유량은 쉽게 확인할 수 있다

만성 신장병이나 요로 결석 등의 병으로 식재료(어패류, 육류 등)의 **미네랄 함유량**이 신경 쓰일 때는 인터넷으로 문부과학성의 '일본 식품 표준 성분표 2015년판(7개정)'*을 검색하면 간단히 확인할 수 있다. 가령 고양이가 주로 좋아하는 가다랑어포(인간용)나 건멸치, 건식 사료에 포함된 영양 성분을 비교해보자.

정확히 비교하기 위해서는 수분 함유량을 고려해야 하지만 대충 비교해봐도 건멸치가 가다랑어포보다 미네랄 함유량이 많다는 것을 알 수 있다. 소량의 가다랑어포는 토핑처럼 급여해도 문제가 없다. 반면 건멸치는(반려동물용이라도) 따뜻한 물로 소금기를 뺀다 해도 인이나 마그네슘 양이 변하지 않으므로 주의해야 한다. 또한 인과 칼

* 〈역자 주〉우리나라에는 농업진흥청의 '국가 표준 식품 성분표'가 있다.

슘을 균형 있게 섭취하는 것이 중요한데 이상적인 인과 칼슘 비율은 1 : 1.1 ~ 1.3이다.

사료를 먹지 않을 때는?

하지만 어떤 사료든 고양이가 먹지 않는다면 소용이 없다. 새로운 사료를 주고 나서 처음에는 '잘 먹는구나.' 하는 기쁨도 잠시, 두세 번째부터는 쳐다보지 않게 되는 상황이 무한 반복되는 경우도 많지 않을까?

실제로 나이 먹어서 입이 짧아진 고양이라면 이리저리 궁리해서 어떻게든 먹도록 유도하는 수밖에 없다. 지금부터 소개하는 방법 중 가능한 모든 것을 시도해보자.

우선 사료 그릇에는 도기, 유리, 스테인리스, 플라스틱 등 다양한 소재가 있는데 **사료 그릇의 종류나 크기, 놔두는 장소를 바꾸면** 신기하게도 먹는 고양이가 있다. 고양이가 머리를 많이 숙이지 않고도 편하게 먹을 수 있도록 사료 그릇를 대 위에 놓거나 높이가 있는 것을 구매할 수도 있다. 쓰지 않게 된 접시(디저트 접시나 아이스크림 그릇)를 이용하는 등 집에 있는 것으로 요령껏 사용해보는 것도 좋다.

한 번에 조금씩밖에 못 먹는 고양이는 **주는 횟수를 늘리면** 내장에 대한 부담이 적어진다. 습식 사료라면 몇 종류 정도를 얼음틀 등을 이용해 육각형 모양으로 냉동해두면 메뉴가 다양해질 뿐 아니라 사료를 버리지 않아도 된다. 주는 양만큼 중탕하거나 전자레인지로(약한 와트로) 해동하거나 하루 전에 냉장고에서 해동해두자.

사료를 줄 때는 후각이 자극되도록 **사람의 체온 정도로 데우면**(전자레인지라면 10~20초) 식욕이 생기는 고양이도 있다. 혹은 사료를 코끝 가까이 대주거나 반려인의 손가락에 조금씩 묻혀서 냄새를 맡게 하거나 코끝에 묻혀주면 '생각났다는 듯' 먹기 시작하는 일도 있다.

시간은 걸려도 억지로 강요하지 말고 먹을 수 있도록 끈기 있게 독려

하자. 반려인이 옆에서 격려하거나 칭찬함으로써 먹을 의욕이 끓어오르는 고양이도 있다. 사료를 스스로 먹을 수 없을 때의 **강제 급여**에 관해서는 **5-6**을 참조하자.

어떻게든 먹게 만들고 싶다면!

★ 한 번에 조금씩밖에 못 먹는 고양이에게는 주는 횟수를 늘리자!

습식 사료 몇 종류를 얼음틀에 넣고 육각형 모양으로 냉동한다. 줄 때는 사람 체온 정도로 데워서 주면 식욕이 일기도 한다.

처방식을 먹지 않을 때는?
~ '9개의 포인트'를 시도해보자

고양이에게서 어떤 질환이 발견되면 증상에 적합하게 영양을 조절한 식이(**처방식**)를 급여해야 한다. 처방식을 먹어야 하는 경우를 염두에 두고 고양이가 어릴 때부터 다양한 유형의 사료를 먹도록 하는 것이 이상적이다.

그리고 처방식으로 바꿀 때는 기존에 먹던 사료에 새로운 사료(처방식)의 비율을 조금씩 늘리면서 **시간을 들여(일주일 정도) 바꾼다**. 가능한 한 큼직한 그릇에 두 종류의 사료를 섞지 말고 나란히 놓아두고 처방식을 먹는지 확인하자.

고양이는 속이 좋지 않을 때(토할 것 같을 때 등) 음식을 주면 그 음식에 혐오감을 느끼기 쉽다. 그러면 상태가 좋아져도 쳐다보지 않을 수 있다. 그러니 억지로 먹이려 하지는 말자. 고양이가 식욕이 있는 단계에서 처방식으로 바꿀 수 있다면 가장 이상적이다.

4-4와 겹치는 부분도 있지만, **처방식으로 바꿀 때의 포인트**를 소개하겠다.

① 지금까지 주던 사료와 조금씩 섞어서 시간을 들여(일주일 정도) 바꾼다.

② 체온 정도의 온도로 데운다.

③ 반려인의 손끝에 조금 묻히거나 반려인의 손으로 직접 준다.

④ 고양이의 입 주변이나 코끝에 묻히거나 손에 발라주면 핥아 먹을 수도 있다.

⑤ 따뜻한 물이나 좋아하는 음식을 삶은 물로 건식 사료를 불린다.

⑥ 먹지 않을 때는 다른 유형(건식 혹은 습식)이나 다른 회사의 처방식을 시도한다.

⑦ 고양이가 즐겨 먹는 '좋아하는 음식'을 조금만 토핑처럼 얹어 준다.

⑧ 식사 전에 5분 정도 놀아주어 배고프게 만든다.

⑨ 도저히 먹지 않을 때는(처방식의 종류에 따라서도 다르지만) 고양이가 즐겨 먹는 최적의 사료를 종합 영양식 중에서 찾아본다. 가령 신장병용 처방식이라면 저인·저단백(시니어 고양이용) 사료, 당뇨병 처방식이라면 저탄수화물·고단백·저지방(감량용) 사료를 찾는다.

다만 고양이의 상태에 따라서는 무엇보다도 (처방식이 아니더라도) 고양이가 먹는 것(=에너지의 섭취)이 중요할 때도 있다. 때에 따라서는 수의사에게 상담하여 **식욕 증진제**를 처방받거나, 도저히 먹지 않을 때는 **강제 급여**를 시도해야 할 때도 있다(**5-6** 참조).

[그림] 새로운 사료로 바꾸기

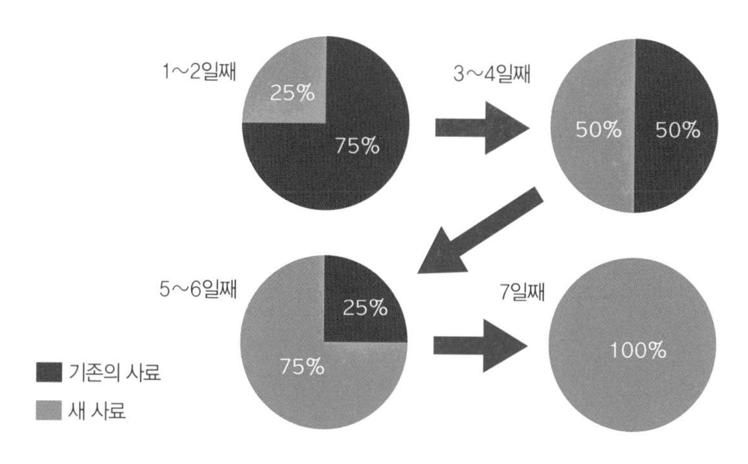

🐾 다묘 가정이라 힘들다면

고양이가 여러 마리라면 각자 다른 사료를 급여해야 하므로(꼭 처방식이 아니더라도) 식탐이 많은 고양이가 뺏어 먹으려고 하면 곤란할 수도 있다.

이런 때를 대비하여 다음과 같은 대책을 쓸 수 있다.

- 밥을 먹을 때 늘 반려인이 지켜본다.
- 각자 다른 장소(다른 방이나 큰 이동장 등)에서 밥을 준다.
- 어느 한쪽(가령 뚱뚱한 고양이)이 못 들어가는 장소나 올라가지 못하는 높은 위치에 사료 그릇을 설치한다.
- 자동 급식기 '**슈어 피드 마이크로칩**(Sure Feed)'을 사용한다.

슈어 피드 마이크로칩은 미리 등록한 고양이에게만 전용 사료를 줄 수가 있다. 고양이에게 삽입된 마이크로칩, 혹은 부속 목걸이에 다는 형태의 인식 칩이 센서에 가까이 가면 자동으로 사료 그릇 뚜껑이 열리는 구조로 되어 있기 때문이다.

다 먹으면 뚜껑이 닫히므로 사료가 위생적으로 보존된다는 이점도 있다.

인터넷 판매로 살 수 있다(23,000엔). 장기적으로 보면 시간이나 인내력이 없는 반려인에게는 획기적인 상품일지도 모른다.

슈어 피드 마이크로칩. 고양이가 자동 급식기에 익숙해지기까지 조금 시간(2~3일)이 걸리기도 하지만 훈련 방법도 설명되어 있어서 대부분 고양이는 문제없이 사용한다.

고양이가 적당량의 물을 마시게 하려면
~ 곳곳에 신선한 물을 놓아둔다

자연계에서는 필요한 수분량 대부분을 사냥감의 몸에서 섭취하므로 고양이는 원래 물을 꿀꺽꿀꺽 마시는 습성이 없다. 하지만 질병 예방(요로 결석이나 방광염 등)과 건강 유지를 위해서는 **수분 보충**이 꼭 필요하다.

시니어기로 들어서면 신장의 부담을 가볍게 만들기 위해서도 수분을 충분히 섭취해야 한다. 고양이에 따라 물의 취향도 다르므로 물을 마시게 만들기 위해서 그 고양이의 개성에 맞추어 다양한 시도를 해보자.

물을 넣는 그릇은 사료 그릇과 마찬가지로 다양한 소재와 크기가 있으므로 **고양이가 좋아하는 것**으로 고른다. 물이 거의 찰랑찰랑 흘러넘칠 때까지 물을 가득 넣은 큰 유리컵에 담긴 물을 좋아하는 고양이도 있다. 물그릇을 매일 씻어서 청결하게 유지해야 하는 것은 말할 필요도 없다.

물그릇을 사료 그릇과 꼭 나란히 둘 필요는 없다. 바닥뿐 아니라 조금 높은 위치 등 고양이가 자주 지나가는 **다양한 장소에 여러 개(적어도 세 개 정도)의 물그릇**을 놓아두도록 하자. 고양이가 지나가다가 마실 수도 있다.

또한 고양이는 **신선한 물**을 좋아한다. 수도꼭지에서 흘러나오는 물을 마시는 것을 좋아하는 고양이에게는 수도꼭지에서 조금씩 마시게 해주거나 물이 순환하여 졸졸 흐르는 순환식 자동 급수기를 만들어보는 것도 좋다. 물이 있는데도 이유 없이 물그릇 앞에서 가만히 앉아 '물 주세요.' 하며 기다리다가 물을 갈아주자마자 마시는 고양이도 있다. 그런 제멋대로인 고양이에게는 신선한 물을 여러 번 갈아주면 좋다.

물 온도는 조금 따뜻한 물이나 온수를 섞은 물을 좋아하는 고양이가 있는가 하면 얼음이 동동 떠 있는 물을 좋아하는 고양이도 있다. 때에 따라서는 얼음틀에 습식 사료나 참치 통조림 국물 등을 조금씩 섞은 물을 얼려서 물이 들어간 그릇에 하나 넣어주는 것도 좋다.

물 마시게 하는 법

좋아하는 물그릇을
여기저기에 둔다.
눈금이 그려진 그릇이라면
마신 물의 양을 알기 쉽다.

순환식 자동 급수기

사람 손끝에 묻힌 물을
좋아하는 고양이

미지근한 물을 좋아하는 고양이,
얼음이 동동 뜬 물을 좋아하는 고양이,
그릇에 장난감(깨끗이 씻은 것)을
넣으면 (흥미가 생기는지) 할짝할짝
마시기 시작하는 고양이도 있다.

물에 양념을 해도 좋다

마셔야 할 물의 양은 사료의 형태에 따라 달라진다. 습식 사료만을 먹는 고양이는 필요한 물 대부분을 습식 사료에서 섭취할 수 있지만 **건식 사료만을 먹는 고양이는 물을 많이 먹어야** 한다.

따라서 고양이가 먹는다면 건식 사료에 미지근한 물이나 닭 가슴살을 삶은 물을 끼얹거나 수분을 많이 포함한 습식 형태의 종합 영양식으로 바꿈으로써(전부가 아니라 일부라도) 수분 섭취량을 늘린다.

고양이의 취향에 따라서 좋아하는 것을 삶은 물, 참치 캔 국물, 혹은 우유(마시는 고양이라면) 등을 물에 조금씩 섞어서 맛을 가미하는 것도 좋다.

아무리 해도 물을 마시지 않으면 실린지에 넣어 조금씩 마시게 할 수도 있다.

실린지나 스포이트로 물 먹이는 방법

나이 든 고양이에게 최적의 화장실을 구축하기 위해서는
~ 소변을 잘 누지 못하는 데는 이유가 있다

지금까지 아무런 문제 없이 화장실을 사용하던 시니어 고양이가 갑자기 화장실이 아닌 곳에서 용변을 보기 시작했다면 방광염 등 **비뇨기계 질환**일 가능성이 있다. 특히 만성 신장병이나 당뇨병을 앓는 고양이는 세균성 방광염에 걸리기 쉬우므로 우선은 제대로 검사받도록 하자.

제3장에서 소개한 골관절염이나 인지 기능 장애, 스트레스, 화장실에 대한 불만으로 다른 곳에 용변을 볼 수도 있다. 고양이가 나이 들면 관절이나 근육이 쇠퇴해서 배뇨 자세를 잡는 데 충분한 시간을 들일 수 없어서 엉덩이만 화장실에서 벗어나 배설하거나 단순히 화장실까지 못 갈 수도 있다.

배뇨 시의 모습을 주의 깊게 관찰하여 원인을 알아내되, **절대로 혼내지 말고 넓은 마음으로 대처**하는 것이 중요하다.

고양이가 실수하면 우선 소변을 가능한 한 닦고(세탁할 수 있는 것은 세탁하고) 효소가 들어간 세제나 물을 넣어 두 배로 희석한 식초 용액을 사용하여 완전히 소변 냄새를 없애자. 그래도 빠지지 않는 냄새는 탈취제로 없앤다.

고양이는 화장실에 까다로워서 화장실의 형태(뚜껑 있는 화장실, 뚜껑 없는 화장실, 펠릿형 화장실 등)나 모래의 취향도 저마다 다르다. 지금껏 사용하던 고양이용 모래를 갑자기 마음에 안 들어 할 수도 있다. 다른 종류의 화장실이나 모래를 테스트해보고 **고양이가 마음에 들어 하는 화장실을 고름으로써 문제를 해결할 수도** 있다.

고양이는 원래 깨끗한 것을 좋아하기에 병으로 몸이 여위어서 간신히 일어서는 상태가 되었더라도 힘내서 스스로 화장실에 가려고 한다.

시니어 고양이가 가능한 한 사용하기 좋도록, 고양이가 들어가기 쉬운 화장실 테두리가 낮은 형태나 뚜껑이 없는 큰 화장실로 바꾸거나 화장실 입구에 미끄럼 방지 매트(욕실 매트 등)를 설치하는 등 배려해주자. 또한, 화장실까지 못 가고 실수를 한다면 고양이가 자주 지내는 잠자리 가까이에 화장실을 두거나 개수를 늘려서 가까운 곳에도 설치하는 등 배려해주어야 한다.

갑자기 배변 실수를 하는 이유

'방광염 등으로 배설 시에 통증이 있다.', '엉덩이가 화장실에서 벗어나는 것을 알아채지 못한다.', '화장실이 너무 높아서 올라가지 못한다.' 등 여러 가지다.

★ 고양이가 사용하기 편한 화장실을 마련해주기 위해 노력하자.

'좋아하는 장소'를 마련한다

~ 겨울에는 온수 팩 등으로 따뜻하게

하루 대부분을 자면서 보내는 시니어 고양이에게 안심하고 쉴 수 있는 '좋아하는 장소'는 무척 중요하다. 특히 고양이를 여러 마리 키운다면 **고양이들이 누구에게도 방해받지 않고 쉴 수 있는 장소를 각 고양이 수만큼 마련**해주어야 한다. 다른 고양이와의 마찰을 피하기 위해서도 반드시 필요한 일이다. 반려인이 새로이 마련한 잠자리를 고양이가 곧바로 사용하지 않을 수도 있는데 고양이의 냄새를 묻힌 쿠션이나 수건을 깔아보기도 하면서 느긋하게 기다리자.

시판되는 캣타워를 이용하거나 돈을 들이지 않아도 종이 상자에 입지 않는 플리스 소재의 옷을 깔거나 책장 일부를 비워두는 등 다양한 아이디어를 짜내어 시도해보자. 이동장에 고양이가 좋아하는 쿠션 등을 깔아두면 안심하고 숨을 수 있는 곳이 된다. **창가**나 **발코니**는 햇볕을 즐기거나 바깥세상의 자극을 즐길 수 있으므로 고양이가 분명 좋아할 것이다. 다만 발코니는 추락 방지망 등으로 반드시 안전에 대비해야 한다.

운동 능력의 저하나 관절의 통증 탓에 지금껏 좋아했던 잠자리, 관찰 장소, 숨는 장소 등에 예전처럼 쉽게 못 갈 수도 있다. 고양이가 **가기 쉬운 다른 곳에 잠자리**를 마련해주거나, **발판**이나 **의자**를 설치해서 높이 차를 줄여주는 배려가 필요하다. 시판되는 반려동물용 계단이나 경사로(슬로프)를 이용할 수도 있다. 단, 근육을 유지하기 위해서라도 지나치게 응석을 받아줘서는 안 된다.

착지하는 장소가 마루나 타일처럼 딱딱하고 미끄러지기 쉬운 장소일 경우에는 관절에 부담이 가지 않도록 **미끄럼 방지 매트**를 까는 등 배려를 잊지 말자.

고양이는 더울 때는 시원한 장소, 추울 때는 따뜻한 장소를 스스로 찾아가지만 나이를 먹으면 움직이기가 힘들어질 수도 있으니 **온도 관리**에도 신경 쓰자. 특히 거의 움직이지 않고 자는 시간이 긴 시니어 고양이는 근육량도 줄어서 체열을 생성하는 능력이 낮아지므로 추위를 타게 된다. 특히 추운 시기에는 보온성이 높고 부드러운 소재의 잠자리를 여러 개 마련해주는 것이 중요하다. **온수 팩**이나 전자레인지로 데워서 쓰는 **보온 매트** 등을 잠자리에 넣어주면 경제적이다. 말할 필요도 없겠지만 잠자리는 세탁하고 말려서 언제나 청결하게 유지하자. 또, 나이를

안심하고 쉴 수 있는 장소를 제공한다

가장 좋아하는 창가나 발코니에서 더욱 편히 쉴 수 있도록 배려한다.

먹으면 스트레스에 대한 적응력도 떨어지므로 **인테리어를 바꾸거나 이사하는 등 큰 환경 변화는 가능한 한 피하는 것이 좋다.**

★ 반려동물용 계단이나 경사로(슬로프)를 이용한다.

★ 온도 관리에도 신경 쓰자.

시니어 고양이는 추위를 잘 탄다.
추운 시기에는 보온성이 높고 부드러운 소재의 잠자리를 여러 개 마련해주자.
온수 팩이나 전자레인지로 데우는 보온 매트라면 경제적이다.

4-9 '사냥' 같은 놀이는 시니어 고양이도 매우 좋아한다
~ 반려인이 먼저 놀아주자

타고난 사냥꾼인 고양이는 자기보다 몸집이 작고 움직이는 **'사냥감'**을 잡는 놀이를 매우 좋아한다. 물론 고양이도 나이를 먹으면 젊을 때처럼 활발하지 않고 반려인이 놀자고 해도 '엉덩이를 들 때까지' 조금 시간이 걸릴 수도 있다. 하지만 젊을 때 반려인이 자주 놀아준 고양이는 나이를 먹어서도 놀이에 대한 흥미를 잃지 않는다. 놀이 시간은 **고양이의 심신을 만족시킬 뿐 아니라 반려인과 함께하는 즐거운 교류 시간**이기도 하다.

'그러고 보니 요새 별로 놀아주지 못했네.'라는 생각이 든다면 서랍에서 잠들어 있는 고양이 장난감을 꺼내 오도록 하자. 저녁 등 조금 어두워져서 고양이가 활동하기 시작하는 시간대를 노려서 좋아하는 막대 끝에 깃털이 달린 장난감(일명, '오뎅꼬치')을 슬쩍 보여주고 사냥감(쥐, 작은 새, 도마뱀, 뱀, 곤충 등) 같은 움직임을 흉내 내어 고양이에게서 멀어지듯 움직여서 바닥에 둔 종이 상자나 종이 가방 등의 물건 뒤에 숨기거나, 상자의 구멍에 넣었다 뺐다 해서 고양이의 흥미를 끌도록 자유롭게 움직여보자. '카샤카샤' 하는 소리가 나는 낚시 장난감, 혹은 밖에서 주워 온 도토리나 강아지풀에 호기심을 왕성하게 보이는 고양이도 있다.

사냥은 사냥감을 발견해서 **'눈으로 좇는 것'**에서 시작된다. 사냥감의 존재를 확인하고 사냥감을 잡을까 말까 생각하는 순간은(우리가 갖고 싶은 것을 살까 말까 고민할 때의 설렘처럼) 틀림없이 두근거리는 순간이리라. 만약 고양이가 별로 움직이려 하지 않고 장난감을 눈으로 좇으며 흥미만 보인다고 해서 '나이 들더니 잠만 자고 어차피 놀지도 않는구나.' 하지 말고 매일 몇 분이라도 **놀이 시간**을 꼭 만들어주자.

또한 건식 사료를 찾거나 손으로 퍼내는 등의 놀이를 마련해서 **운동 부족을 해소**하자. 건식 사료를 플라스틱 뚜껑 등에 두고 물에 띄우면 물에도 흥미를 보여서 음수량이 늘 수도 있다.

반려인이 자주 놀아준 고양이는 나이를 먹어서도 놀이에 흥미를 잃지 않는다.

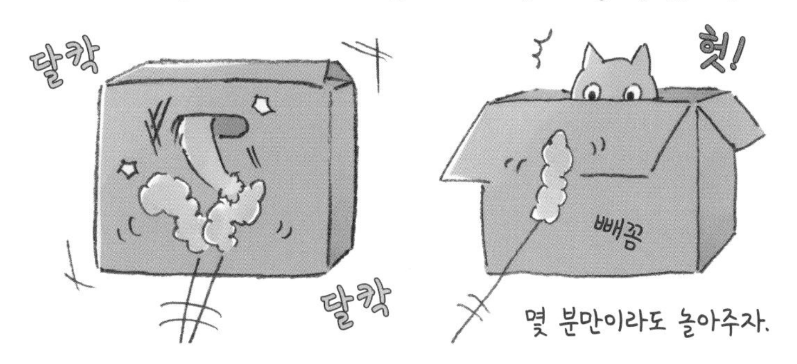

고양이의 사냥은 사냥감을 눈으로 좇고, 살금살금 다가가고, 쫓아가고, 덮치고, 손으로 붙잡고, 입으로 무는 일련의 동작으로 이루어진다. 반려인이 '사냥감'의 움직임을 흉내 내어 장난감을 움직이면 고양이가 흥미를 보인다. 고양이에게서 멀어지듯 움직이다가 사냥감의 모습이 사라지는 순간(물건 뒤에 숨는 등)을 만드는 것이 포인트.

건식 사료가 든 장난감으로 놀게 하자

건식 사료를 상자나 종이 가방 안에 숨기거나, 굴리면 구멍으로 건식 사료가 조금씩 나오는 장난감을 이용하면 운동량도 는다.

마이크로칩의 엄청난 혜택이란?

독일에서 고양이의 인기는 최근 몇 년간 줄곧 안정적인 추세를 보였다. 2016년의 고양이 사육 수는 1,340만 마리(개는 860만 마리)로, 반려동물 중에서는 단연 인기다. 현재 독일에서는 고양이의 완전 실내 사육과, 바깥도 나갈 수 있는 '외출냥'의 비율이 같은 정도다. 즉 두 마리 중 한 마리는 어떤 형태로든 집 밖에 나와 있다는 말이다.

2008년, 독일 중서부에 있는 파더보른(Paderborn)이라는 시에서, 독일에서 처음으로 '바깥에 나갈 가능성이 있는 모든 (5개월 이상의) 반려묘'에 대해 마이크로칩의 삽입·등록 및 중성화 수술을 의무화하였다. 물론 길고양이에게 밥을 주는 사람에게도 마찬가지 의무가 있다.

현재 이 파더보른의 사례를 보고 약 560개의 지자체에서 이 의무화를 조례화하고 있다. '독일 전국에서 약 200만 마리'라고도 추측되는 길고양이 수가 늘어나는 것을 방지하는 것이 목적이다.

마이크로칩은 고양이나 개를 타국으로 데려갈 때 필수다. 따라서 고양이나 개를 데리고 차로 여행하는 일이 많은 유럽에서는 일본에 비하면 마이크로칩이 보급된 편이다. 일단 고양이는 잃어버리면 찾기 어렵지만, 운 좋게 찾으면 그 고양이의 마이크로칩에 등록된 정보를 조회하여 다시 가족을 찾을 가능성이 크다.

또한 독일에서는 마이크로칩의 삽입·등록이 보급된 후 버려지는 개나 고양이 수가 크게 줄었다. 반려인의 신분이 밝혀지기에 쉽게 버릴 수 없게 된 것이다. 이 또한 마이크로칩의 혜택이리라.

제 5 장

시니어 고양이의 보디 케어 방법과 돌보는 법

털 관리와 스킨십의 포인트
~ 반려인이 어떻게 돌보느냐에 따라 크게 달라진다

고양이는 원래 깔끔한 동물이다. "깨어 있는 시간의 10~30%를 그루밍에 쓴다."라고 할 정도로 시간만 나면 털을 고른다. 하지만 젊을 때는 제대로 그루밍을 하던 고양이도 나이를 먹으면 그 시간을 자면서 보내곤 한다.

몸의 유연성이 떨어지거나 관절에 통증이 있거나 병에 걸려 몸이 안 좋거나 치주병으로 입안이 아프기 때문이다. 또한 너무 뚱뚱해서 자세가 제대로 잡히지 않아 털 고르기를 소홀히 하는 고양이도 있다. 특히 **등**이나 **항문 주변**은 혀가 잘 닿지 않아서 등에 비듬이 보이거나 털이 떡 진 후에야 알아차리기도 한다. 따라서 나이 든 고양이는 젊을 때보다 반려인의 손길이 더 필요하다.

🐾 반드시 빗질을 해주자

고양이(특히 장모종)는 평소에 **빗질**을 해주지 않으면 털이 떡 질 뿐 아니라 털갈이 시기에는 털을 많이 삼키게 된다. 삼킨 털이 적으면 보통은 대변과 함께 배설되지만, 양이 많으면 토해내거나, 토하지도 배설하지도 못하고 위나 장에 쌓여서 위장 장애를 일으키는 **모구증(毛球症)**에 걸릴 수도 있다.

빗질은 죽은 털을 제거하고 털의 결을 가지런히 하기 위해서뿐 아니라 **혈행이 좋아지는 마사지와 안정 효과**도 있기에, 반려인과 고양이가 나누는 소중한 스킨십의 시간이기도 하다. 장모종 고양이는 물론 단모종 고양이라도 고양이가 좋아한다면 날마다 빗질해주자.

특히 장모종 고양이는 엉덩이 주변에 대변이 잘 붙는다. 그 모습을 발견하면 **물티슈**(반려동물용이든 유아용이든 OK)나 **미지근한 물에 적신 거즈** 등으로 살살 집어서 떼듯이 닦아준다. 경우에 따라서는 엉덩이 주변 털을 조금 짧게 잘라주는 것도 좋다.

털이 너무 엉켜서 빗이나 손가락으로 빗어도 풀리지 않을 때는 가위 끝이 몸 바깥을 향하게 쥔 후 엉킨 털 밑동 부분을 조금씩 자른 다음 빗과 손가락으로 빗어서 풀어주자. 단모종 고양이는 빗을 사용하지 않더라도 따뜻한 물을 적신 손으로 머리부터 등까지 천천히 쓰다듬어주면 죽은 털을 제거할 수 있다.

빗 종류는 많다. 빗질에 익숙하지 않은 고양이라면 우선은 **촘촘하지 않은 빗이나 동물 털 브러시**를 사용해 힘을 빼고 머리와 등처럼 고양이가 싫어하지 않는 부위부터 시작하면 좋다. 이때 **고양이의 표정**을 잘 살피자. 눈을 가늘게 뜨며 기분 좋아하는 것 같으면 계속하고 조금 짜증을 내는 것 같으면 그날은 그만한다.

나이가 든 고양이나 뚱뚱한 고양이는 그루밍에 소홀해지기 쉽다.
고양이의 모질이나 선호도에 맞는 빗을 고른다.

기본은 동물털 브러시와 빗.
장모종은 슬리커(Slicker), 단모종은 고무 브러시도 좋다.

🐾 마사지하며 고양이와 스킨십하자

반려인과 고양이가 오랫동안 함께 살다 보면 끈끈한 유대가 생기기 마련이다. 이렇듯 반려인과 강한 유대감으로 맺어진 고양이는 시니어기에 들어가면 전보다 더 반려인에게 의지하고 붙어 있으려고 하는 일이 많다.

젊을 때는 독립적이고 자기 마음대로 행동하며 쿨했던 고양이가 시니어기에 들어가면 반려인에게 응석을 부리기도 한다. 반려인이 오랫동안 집을 비우는 것만으로 불안해할 수도 있고 지금까지는 자기 잠자리에서 자던 고양이가 '밤에도 침실에 들어가게 해주세요.' 하며 시끄럽게 울 수도 있다.

빗질을 하는 등 **평소에 고양이와 스킨십하는 시간이 젊을 때보다 더욱 중요해지는 시기**가 바로 시니어기다. 물론 이 또한 개묘차가 있으므로 절대 억지로 하려고 하면 안 된다. 고양이가 좋아한다면 편히 쉬고 있을 때 스킨십도 할 겸 마사지해주자. 마사지는 '쓰다듬기의 연장선'이라고 생각하자. 고양이의 반응을 살피면서 손가락으로 가볍게 주물주물 주물러주자. 고양이가 어디를 만지면 좋아하는지는 오래 함께 살아온 반려인이 가장 잘 알 터이다.

대부분 고양이는 이마, 턱 밑, 귀, 귀 뒤쪽, 머리에서 등까지, 꼬리 밑동 부분 등을 쓰다듬어주면 좋아한다. 피부의 상태(부어 있다, 붉다, 털이 빠져 있다)를 확인하는 좋은 기회이기도 하다. 갑자기 쓰다듬는 걸 싫어한다면 통증이 원인일 수도 있다.

시간이 없을 때는 옆을 지나갈 때 아주 잠깐 쓱 훑듯 쓰다듬거나 눈과 눈을 마주치기만 해도 괜찮다. **사소한 표현이나마 호의를 드러내면 시니어 고양이는 마음을 놓는다.**

빗질도 쓰다듬기도 마찬가지인데, 젊을 때는 그다지 흥미를 보이지 않거나 해줘도 가만히 있지 않던 고양이가 나이를 먹으면 기분 좋다는 듯 자기가 먼저 다가와 해달라고 재촉하기도 한다. 할 수 있는 한 고양이의 요구를 들어주자.

시니어 고양이는 반려인에게 응석을 부리거나 붙어 있으려고 하는 경우가 많다. 고양이와의 스킨십 시간을 지금까지보다 더욱 소중히 하자!

고양이가 좋아한다면 가볍게 마사지해주자.

귀 관리
~ 게을리하면 외이염을 일으킬 수도

고양이는 보통 귀를 스스로 닦지만, 나이가 들면 털과 마찬가지로 소홀해지므로 **정기적으로 확인**하자. 귀 만지는 것을 싫어하는 고양이도 있으므로 고양이가 편히 쉬고 있을 때를 노려서 머리를 쓰다듬으면서 은근슬쩍 귀 끝을 가볍게 당겨서 밝은 곳에서 귓속을 들여다본다.

보통 귀 안쪽은 연분홍색을 띠며 때가 거의 묻어 있지 않고 악취가 나지도 않는다. 귓속이 깨끗하다면 딱히 손질할 필요는 없다. 귀지가 다소 붙어 있다면 미지근한 물을 적셔 가볍게 짠 거즈나 화장 솜을 검지에 두르듯 감아서 귓구멍에서 바깥을 향해 가볍게 닦아준다.

귀 세정액(동물병원이나 반려동물용품점 등에서 구매 가능)을 사용하는 경우에는 세정액을 적당량(사용법에 쓰여 있는 대로) 고양이의 귓속으로 떨어뜨린다. 고양이가 곧바로 머리를 흔들며 세정액을 털어버리지 않도록 조심하면서 귀의 밑동 부분을 조물조물 부드럽게 마사지한다. 그 후 부드러운 화장 솜 등으로 남은 액이나 때를 부드럽게 닦아낸다.

세정액을 직접 귀에 넣는 것이 어렵다면 거즈나 화장 솜에 적셔서 귓구멍에서 시작해 바깥 방향으로 부드럽게 닦아도 상관없다. 면봉은 귓속 피부에 상처를 내거나 때를 귓속으로 더욱 밀어 넣을 우려가 있으므로 추천하지 않는다. 그리고 세정액이 차가우면 고양이가 싫어하므로 **실온인지 확인**하자. 고양이가 가만히 있지 않고 발버둥친다면 큰 수건을 두르거나 둘이서(한 사람이 고양이를 잡는 역할) 하는 것도 좋다.

귓속에 검은색이나 다갈색 귀지나 끈적끈적한 분비물이 많이 묻어 있거나 피가 묻어 있거나 귓속이 빨갛게 부어 있거나 이상한 냄새가 나면 기생충(귀 진드기), 진균(말라세지아 곰팡이), 세균 등이 원인인 **외이**

염일 가능성이 있다. 원인에 따라 치료약이 달라지므로 동물병원에서 정확한 검사를 받도록 하자. 뒷다리로 귀를 자주 긁거나 반복적으로 머리를 터는 버릇도 귓병의 신호인 경우가 많으므로 주의를 기울이자. 반려인이 평소에 고양이 귀를 손질해주면 귓병을 예방할 수 있다.

◆ 귀를 체크

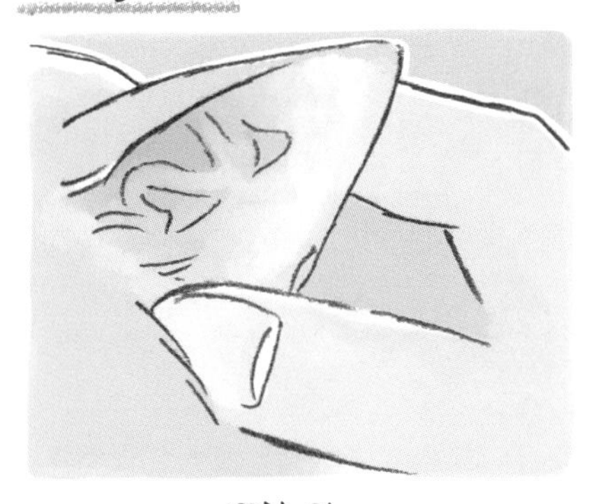

깨끗한 귀

평소 귀 안쪽은 연분홍색.
귀지가 거의 없고 악취도 나지 않는다.

더러운 귀

검은색이나 다갈색 귀지가 보임, 끈적끈적함, 피가 묻어 있음, 안이 빨갛게 부어 있음, 이상한 냄새가 남.
→ 외이염 가능성이 있으므로 병원으로!

손질은 거즈나 귀 세정액으로. 면봉은 X!
귀 손질이 끝나면 칭찬해주자!

발톱 관리

~ 너무 길어지면 발바닥 가운데 볼록살에 깊게 파고들어 찌르기도 한다

고양이의 발톱은 나이가 들면 길어지기 쉽다. 스크래칭(Scratching) 자체가 힘들어질 수도 있고, 이제껏 몸을 일으켜 일어서서 긁는 형식의 스크래처를 사용했다면 관절 통증 등으로 이런 자세로 스크래칭하는 것을 힘들어할 수도 있다.

또한 발톱을 넣거나 빼기 위한, 발톱과 발가락뼈를 잇는 힘줄이나 인대의 탄력이 떨어져서 발톱이 길어질 수도(나온 채로 들어가지 않음) 있다. 상황에 맞춰 **바닥에 수평으로 두는 형태의 스크래처를 마련**해주자.

고양이가 마룻바닥을 걸을 때 '톡톡톡' 하고 발톱 부딪치는 소리가 나거나 카펫 위를 걸을 때 발톱이 걸리는 것 같다면 발톱이 너무 길어진 것이다. 방치하면 굵은 고리형 발톱으로 변형되어 발바닥 볼록살을 찌를 수도 있다. '고양이가 요새 나이를 먹었는지 통 걷지를 않네.'라고 생각했는데 실은 '발톱이 볼록살을 찌르는 바람에 아파서 못 걷는' 경우도 있다.

통증은 상당했으리라. 그러나 고양이는 통증을 좀처럼 겉으로 드러내지 않는 동물이다. 걷는 모습이 이상해지거나 피가 묻은 발자국을 보고서야 알아차리는 경우도 있다. 발톱이 깊게 박혀 있는 경우에는 발톱을 잘라서 박혀 있는 부분을 뽑아주어야 하므로 동물병원에서 처치해야 한다.

물론 그런 상태가 되지 않도록 적어도 **2주에 한 번은 고양이 발톱을 정기적으로 확인**하고 발톱이 얼마나 길었는지 보고 세심하게 잘라주자. 앞발에는 발톱이 다섯 개, 뒷발에는 발톱이 네 개 있다. 특히 놓치기 쉬운 **앞발 엄지발톱**을 빠뜨리지 않도록 주의하자.

고양이가 익숙해질 때까지 끈기를 갖자

고양이 발톱 깎기는 새끼 때부터 발톱을 자르는 습관이 들면 문제없다. 하지만 성묘가 된 후에 처음으로 발톱을 자르려고 하면 싫어하며 저항할 수도 있다. 그래도 반려인이 **끈기를 가지고 고양이가 익숙해지게 해야** 한다. 처음에는 고양이가 편안하게 쉬고 있을 때 발바닥 볼록살을 만지거나 발톱을 꺼내보거나 발톱깎이를 자연스럽게 대거나 하면서 서서히 익숙해지도록 한다. 이때 고양이가 좋아하는 곳을 쓰다듬어주거나 좋아하는 간식을 조금 주는 것도 좋다.

고양이가 발톱깎이의 존재에 익숙해지면 다음에는 발톱깎이를 벌리거나 다물거나 해서 그 움직임에 익숙해지도록 만든다. 고양이가 발톱깎이의 움직임에 완전히 익숙해지면 편안히 쉬고 있을 때 발톱 하나만 깎아보자. 고양이는 탁자 위든 반려인의 무릎 위든 편안하게 있을

2주에 한 번은 발톱 체크!

자른다

앞발에는 5개,
뒷발에는 4개의
발톱이 있다.

꾸우

우선, 반려인이 고양이의 발을 만지는 데 익숙해지도록 한다. 볼록살이나 발가락을 마사지해도 고양이가 가만히 있다면 준비 완료다. 엄지와 검지로 고양이 발톱 밑동 부분을 잡고 위에서 가볍게 앞쪽으로 눌러서 발톱을 빼는 연습을 한다. 발가락 밑동을 미리 잘 관찰하여 발톱의 어느 부위를 자르면 될지 확인해둔다.

수 있으면 어떤 자세든 상관없지만, 반려인은 고양이와 같은 방향을 바라보고 고양이를 뒤에서 안는 듯한 자세로 깎으면 더 손쉽다. 고양이의 발을 당기거나 꽉 쥐지 말고 가볍게 잡자.

고양이를 큰 수건 등으로 말아서 발톱을 자르는 발만 꺼내두면 고양이가 얌전히 있을 수도 있다. 어려울 때는 한 사람이 고양이를 쓰다듬으면서 주의를 분산시켜서 가볍게 잡는 역할, 다른 한 사람이 발톱을 자르는 역할 등으로 둘이서 하거나, 고양이가 깊이 잠들었을 때 몰래 다가가서 자르는 방법도 있다.

자세를 잡았다면 엄지와 검지로 고양이의 발톱 밑동 부분을 쥐고 위에서 가볍게 앞으로 눌러서 발톱을 뺀 후 한 개씩 자른다. 모세 혈관과 신경이 지나가는 연분홍색 부분 앞부분을 2~3mm 남긴다는 느낌으로 자르면 된다. 실수로 깊게 잘라서 아팠던 경험이 있으면 발톱 깎는 것을 싫어하게 되므로 처음에는 발톱 끝의 **아주 조금 1~2mm 정도**를 자르고 서서히 자르는 길이를 조절하도록 하자. 발톱을 자른 후에는 **고양이를 칭찬**하는 것을 잊지 말자!

🐾 무리하지 말고 동물병원에 맡겨도 된다

잘 모르겠으면 동물병원이나 고양이 발톱을 잘 자르는 사람에게 자르는 법을 한번 시범으로 보여달라고 부탁하는 것도 좋다. 다양한 고양이용 발톱깎이가 시판되고 있는데 없다면 사람용 발톱깎이라도 상관없다.

고양이가 저항하기 시작하면 곧바로 중단한다. '매일 하나만 잘라도 좋다.'라는 가벼운 마음으로 **절대 억지로 하지 않는 것이 중요**하다. 처음에는 시간이 걸리겠지만 하다 보면 요령을 터득하게 되어 빨리 할 수 있게 된다.

물론 발톱을 바짝 깎지 않기 위해서 잘 보이는 밝은 곳에서 자르도록 하자. 만약의 경우 깊이 깎아서 피가 났을 때를 대비해 시판하는 **지혈용 파우더**(Kwik Stop 등)를 상비하면 안심할 수 있다. 그릇 뚜껑에 파우더를 조금씩 넣어두고 손끝에 적당량을 묻혀서 환부에 가볍게 눌러서 발라준다. 없다면 가루(밀가루·녹말가루·옥수수 전분 등)로 대용하고 상태를 지켜보자. 도저히 발톱을 깎기 어려운 상황이라면 무리하지 말고 동물병원에 데려가서 깎아주도록 하자.

발톱깎이는 사용하기 쉬운 것을 고른다

자신의 손 크기나 고양이의 발톱 두께 등을 고려하여 사용하기 쉬운 형태를 고른다. 사람용 발톱깎이를 쓰는 경우에는 발톱을 좌우에서 끼우듯 자르면 발톱이 잘 안 깨진다.

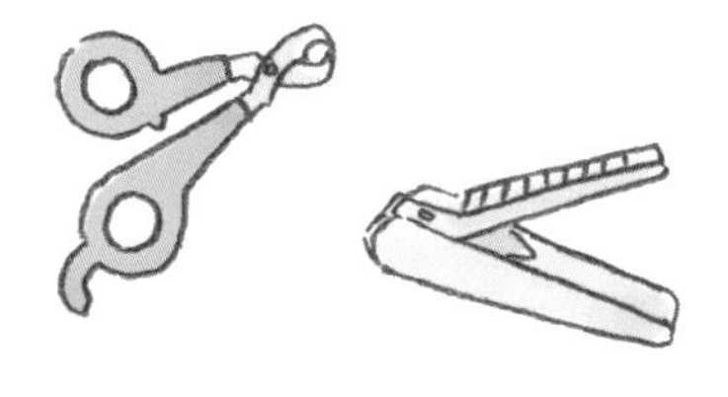

고양이도 반려인도 편안한 자세에서 자른다.
발톱을 자른 후에는 고양이를 칭찬해주자!

앞발 엄지발톱도 잊지 말자!

치아 관리
~ 거즈로 닦아주기만 해도 효과가 있다

치주병을 막으려면 치석이 쌓이기 전에 플라크를 제거하는 것이 매우 중요하다. 그러려면 **양치질하는 습관**을 가능한 한 어릴 때부터 들이는 것이 가장 좋다. 하지만 **성묘가 된 후에도 치아 관리에 익숙하게 만드는 것은 가능**하다.

갑자기 칫솔로 치아를 닦으면 싫어하므로 우선은 고양이가 편하게 쉬고 있을 때 고양이가 좋아하는 머리나 목을 쓰다듬으면서 은근슬쩍 입 주변이나 치아를 만져보자. 입을 만져도 거부하지 않으면 그런 다음에는 따뜻한 물을 적신 거즈나 반려동물용 양치질 시트를 검지에 말아서 치아에 대본다.

처음에는 거즈에 고양이가 좋아하는 맛(닭고기 삶은 물, 참치 캔 국물, 습식 사료 국물 등)을 묻혀보는 것도 좋다. 처음에는 송곳니 하나만 닦아도 좋다. 거즈를 감은 손가락을 입 옆에서 넣어서 천천히 닦는 치아 수를 늘려가면서, 원을 그리듯 살살 치아 외부를 문지른다. 이때 다른 한 손으로 고양이 머리를 뒤에서 감싸 쥐듯 가볍게 쥐어 고정하고 손가락으로 입 주변을 살짝 들어 올리면 더욱 편하다.

거즈로 문지르는 것만으로도 충분히 효과는 있지만 가능한 한 칫솔(고양이용이나 유아용)을 사용하면 더욱 효과적이다. 꼭 필요한 건 아니지만 기호성이 뛰어난 **반려동물용 치약**(오로자임 오랄 하이진겔, 오라틴 오랄젤, 버박 치약 등)도 있다. 효소의 작용으로 플라크의 축적을 막으며 헹굴 필요도 없다. 고양이가 마음에 들어 하며 할짝할짝 핥아 먹는다면 그것을 치아나 잇몸에 손가락으로 직접 발라도 좋지만, 치약을 칫솔 속에 밀어 넣듯 발라서 핥아 먹게 하면 칫솔에 대한 거부감도 없앨 수 있다.

익숙해지면 양치질 시간을 서서히 늘려서 치석이 생기기 쉬운 어금니에서 앞니 방향으로 닦으면 좋다. 양치질을 싫어하지 않는 고양이라면 매일 닦아줘도 좋지만 그렇지 않다면 **일주일에 2~3회, 한 번에 30초 정도 닦아줘도 된다**. 양치질이 끝나면 스킨십 등으로 칭찬해주자.

양치질이 도저히 불가능한 경우에는 동물병원에서 정기적으로 치아 체크와 함께 반려동물의 플라크·치석 축적을 줄이기 위해 개발된 구강 세정제(마시는 물에 타는 액체 치약), 양치질 간식이나 사료도 이용할 수 있다(힐스의 't/d'와 로얄 캐닌의 '오랄 케어' 등).

① 우선 반려인이 치아를 만지는 것에 익숙하게 만든다.

② 다음은 따뜻한 물을 적신 거즈를 손가락에 감아 부드럽게 원을 그리듯 치아를 가볍게 닦는다. 이때 고양이의 머리를 다른 한 손으로 가볍게 고정한다.

③ 거즈에 익숙해졌다면 손가락에 끼우는 형태의 '손가락 칫솔'을 사용해도 좋다.

④ 가능한 경우에는 고양이용 혹은 유아용 칫솔을 사용하면 더욱 효과적이다. 칫솔은 치석이 붙기 쉬운 치아와 잇몸 사이를 닦을 수 있도록 45도 각도로 대고 부드럽게 원을 그리듯 어금니에서 앞니 방향으로 닦으면 좋다. 치아 안쪽을 닦을 필요는 없다.

약을 잘 먹이는 방법이 따로 있다
~ 사료에 섞거나 입에 직접 넣는다

병에 걸리면 고양이에게 약을 먹여야만 할 때가 있는데 고양이에 따라서는 그것이 여간 어려운 일이 아니어서 반려인에게도 고양이에게도 스트레스가 되기도 한다. 약을 먹이는 방법은 우선 그 약을 처방해준 동물병원에서 지시를 받자.

먹는 약은 알약(정제), 캡슐, 물약 등 다양한 형태가 있는데 약에 따라서는 알약을 가루로 빻거나, 쓴 가루약이나 여러 알약을 캡슐에 넣거나 하여 형태를 바꿀 수도 있다. 또한 같은 성분이지만 작은 알약이나 효과 지속 시간이 길고 투여 횟수가 적은 약으로 변경할 수 있는 약도 있다. 고양이의 식욕이나 성격, 그리고 반려인의 생활 방식에 맞추어 먹이기 쉬운 약을 수의사와 상담한 후에 실제로 먹이는 방법을 배우도록 하자.

약을 제대로 먹이는 것은 매우 중요하지만, 반려인이 너무 긴장하면 고양이에게 그 긴장감이 전해져서 고양이가 긴박한 분위기를 읽고서 도망가거나 숨기도 한다. 자꾸 먹이다 보면 익숙해지므로 조금 실패해도 신경 쓰지 말고 편안한 마음으로 고양이를 대하자. 투약의 기본은 **사료에 섞어서 주는 것과 입에 직접 넣어주는 것 두 가지**다.

① 사료에 섞는다

약의 형태와 관계없이 사료에 섞었을 때 고양이가 잘 먹는다면 반려인에게도 고양이에게도 가장 간단하고 쉬운 방법이다. 평소에 주는 사료에 약을 섞었다가 사료를 먹지 않게 되면 곤란하므로 우선 고양이가 좋아하는 소량의 다른 사료나 간식(고형, 페이스트형, 액상형 등)으로 시험해보자.

고양이가 약 냄새를 알아채고 '흥' 하고 고개를 돌린다면 좀 더 궁리하자. 경단처럼 작게 둥글린 습식 사료나, 중심부를 판 고형 간식 속에 약(알약이나 캡슐)을 끼운다. 약을 끼울 수 있도록 애초에 구멍이 나 있거나 점토처럼 빚어서 약을 넣을 수 있는 유형의 투약용 보조 식품도 있으므로 담당 수의사와 상담해보자. 미리 **이것을 네 알 정도 준비해두고 세 알째에 약이 들어간 것을 주면** 경계심 강한 고양이라도 성공 확률이 크다. 약만 토해낼 수도 있으므로 끝까지 지켜봐야 한다.

마찬가지로 가루약도 고양이가 좋아하는 소량의 습식 사료나 페이스트 형태의 간식, 투약용 보조 식품(무염 버터 등 고양이가 좋아하는 핥아 먹는 음식이라도 좋다)에 섞어서 줄 수 있다. 소량이라면 고양이 입 주변이나 코끝에 묻히거나 손에 발라주면 핥아 먹기도 한다.

알약을 가루약으로 빻으려고 한다면 '가루약으로 만들어도 좋은 약인지'를 반드시 확인해야 한다. 용기에 알약을 넣어 뚜껑을 돌리기만 해도 쉽게 가루약으로 만들 수 있는 알약 분쇄기〔필 크러셔(Pill Crusher) 등〕나 가루약을 넣는 빈 캡슐도 시중에 판매되고 있다.

약 먹이는 법(약 냄새를 눈치채고 먹지 않을 때)

약을 넣을 수 있도록 처음부터 구멍이 뚫린 투약용 보조 식품을 네 알 정도 준비해두고 세 알째에 약이 들어간 것을 준다.

② 입에 직접 넣는다

고양이의 성격에 따라 다르지만, 가만히 안 있는 고양이는 한 사람이 고양이를 잡는 역할, 다른 한 사람이 약을 먹이는 역할을 맡아 **둘이서 먹이면 이상적**이다. 고양이를 잡을 때는 스킨십을 하면서 고양이를 뒤에서 안는 듯한 느낌으로(고양이가 뒷걸음질 치지 못하도록) 양쪽 어깨 부분을 양손으로 가볍게 누른다. 이때 약지와 새끼손가락 사이에 고양이의 앞다리 팔꿈치를 끼우듯 잡으면 앞발의 움직임이 제한된다.

한 사람이 먹여야 한다면 탁자 위, 무릎 위에 올리기, 혹은 바닥에 무릎을 꿇고 앉아 고양이를 허벅지 사이에 끼우듯 앉히기 등 자신이 하기 쉬운 자세를 찾아본다. 고양이의 목 아래를 큰 타월로 감싸서 저항하지 못하게 해도 좋다.

알약이나 캡슐을 미리 손이 닿는 곳에 준비해두고 **오른쪽 페이지의 일러스트**에 나온 요령을 참고하여 차분히, 최대한 빨리, 그리고 확실히 먹이자. 약을 가능한 한 혀 안쪽까지 넣으면 토해내지 못한다. 손으로 약을 넣기 어려운 경우에는 끝에 약을 끼워 넣고 실린지처럼 밀어 넣는 구조의 **경구 투약기**를 이용할 수도 있다.

물에 녹인 가루약이나 물약은 실린지에 넣어서 입 옆(송곳니 뒤쪽 빈틈)에 꽂아 넣고 서서히 주입한다. 다른 한 손으로 고양이 아래턱을 가볍게 쥐고 머리를 위로 향하도록 하면 하기 쉽다. 또한 알약이나 캡슐을 먹인 후에 실린지로 소량(5ml 정도)의 물을 먹이면 약이 식도를 통과하기 쉽다.

약 먹이는 법(입에 직접 넣는다)

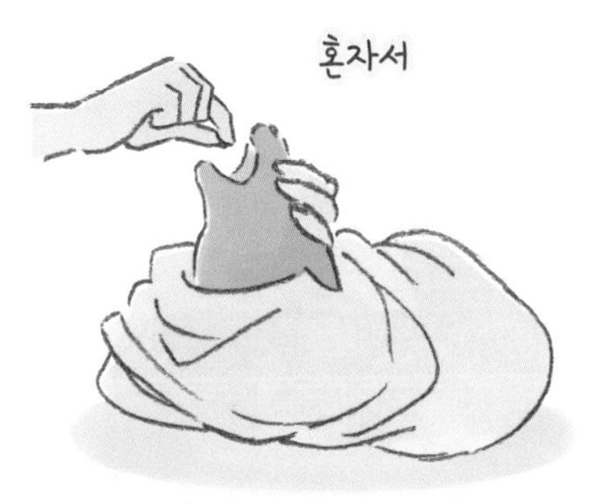

약지와 새끼손가락 사이에 앞다리 팔꿈치를 끼우듯 잡는다.

목 아래를 큰 타월 등으로 감싸서 '고양이 펀치'를 방지하자.

둘이서 힘을 합쳐 하면 먹이기 쉽지만 혼자도 익숙해질 수 있다.

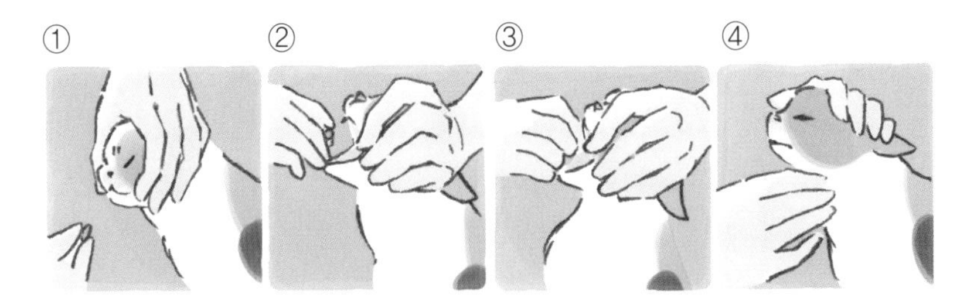

●알약 먹이는 법

① 평소에 주로 쓰는 손의 엄지와 검지로 약을 들고 다른 한 손의 엄지와 검지로 고양이의 얼굴뼈(입꼬리 부분)를 뒤에서 쥐고 조금 힘을 준다.

② 얼굴을 쥔 손으로 고양이의 머리를 위로 향하게 만든 후 평소에 주로 쓰는 손의 중지로 아래턱 앞니를 가볍게 누른다.

③ 입이 벌어지면 약을 혀 안쪽에 넣은 다음(떨어뜨린 다음) 곧바로 입을 닫는다.

④ 머리를 위를 향하게 한 채 목을 쓰다듬거나 코끝을 콩콩 두드려서 약을 삼켰는지 끝까지 지켜본다. 다 먹었다면 잊지 말고 고양이를 칭찬해주자!

반려인이 집에서 할 수 있는 완화 치료
~ 고양이의 삶의 질을 유지한다

병의 단계를 떠나 치유 목적이 아닌, 고통이나 불쾌한 증상의 완화를 최우선으로 삼아 고양이가 고양이다운 하루하루를 보낼 수 있도록 해주는 것이 **완화 치료**다. 삶의 질을 유지하고 가능한 한 스트레스 없는 평온한 나날을 보낼 수 있도록 하는 것에 중점을 둔다. 집에서 반려인이 할 수 있는 것을 해주는 편이 통원 치료를 하는 것보다 고양이가 스트레스를 덜 받는다. 어떤 완화 치료를 할 수 있는지 담당 수의사와 상담하고 자주 연락을 취하면서 가족 모두가 협력한다면 더할 나위 없다. 만약을 위해 야간 응급 시 연락을 할 수 있는 동물병원을 소개받아두면 안심할 수 있다.

고양이의 삶의 질은 고양이의 전신 상태뿐 아니라 다른 요인에 의해서도 좌우된다. 가령 가족의 사정이나 고양이의 성격 등이다. 아침 일찍부터 밤늦게까지 일 때문에 아무도 집에 없는 경우와 가족 누군가 늘 곁을 지키며 고양이를 보살필 수 있는 경우는 고양이의 삶의 질 면에서 볼 때 큰 차이가 있다. 한편, 고양이가 완화 치료에 협조적이지 않다면 고양이에게 스트레스를 주지 않도록 그 고양이에게 맞는 방법을 찾아야 한다.

반려인의 애정과 시간이 요구되는 것은 말할 것도 없지만 정신적·신체적·경제적인 면에서 부담이 되는 경우도 있으리라. 하지만 반려인이 아프거나 경제적으로 쪼들린다면 아무런 의미가 없다. **할 수 있는 범위에서 할 수 있는 노력을 함으로써 고양이와 평화로운 하루하루를 보내는 것이 무엇보다 중요**하다.

고양이가 스스로 배설할 수 있고 어느 정도라도 먹으려고 한다면 그

것을 가능한 한 지원하고, 거의 누워만 지내는 상태가 되면 편안한 보금자리를 만들어주고 위생 면에서 신경을 쓰고 말을 걸거나 스킨십을 통해 안심시키자.

고양이의 삶의 질을 좌우하는 7개 항목

종말기의 동물 의료와 관련이 있는 미국의 암 전문 수의사 앨리스 빌랄라보스(Alice Villalabos)가 반려동물의 삶의 질을 평가하기 위해서 다음 7항목(5H 2M)을 들었다. 완화 치료를 할 때는 이들 항목이 충족되어 있는지가 중요하다.

① 고통(Hurt)

가장 먼저, 고통을 완화해줄 수 있는가? 극심한 통증(특히 악성 종양이나 중도의 골관절염 등)이 있는 고양이의 **통증을 완화해주는 것은 삶의 질을 유지하는 가장 중요한 요소**다. 병의 진행 정도와 통증의 세기에 맞추어 수의사에게 적절한 진통제를 처방받아 통증을 제대로 관리해야 한다. 항상 고양이의 상태에 주의를 기울이고 **통증 신호**(호흡수, 심박수의 상승과 1-5의 통증 신호)를 보이지 않는지 주의한다. 약뿐 아니라 조금이라도 불쾌감이나 불안을 없애도록 보살펴준다면 통증 완화에도 효과적이다.

심장병이나 종양 등으로 호흡이 곤란할 때는 집에서 산소를 흡입하도록 도울 수 있다(간이 산소실 만들기 등). 일시적이나마 호흡이 안정되어 증상이 완화되고 몸 상태가 좋아진다면(식욕이 생기는 등) 유효한 방법일 수 있다. 다만, 반드시 담당 수의사와 상담하여 결정하자.

② 공복(Hunger)

고양이가 공복을 채우고 필요한 에너지를 충분히 섭취하고 있는지 여부다. 에너지를 섭취하지 못하게 되면 고양이는 쇠약해진다. **4-4**도 참고하자. 시간은 걸려도 사료를 숟가락으로 먹이거나 반려인이 습식 사료를 작은 경단 형태로 만들어 입 옆쪽을 통해 혀 안쪽 깊숙이 밀어 넣어주는 등 조금씩 주도록 하자. **먹을 수 있는 상태라면, 먹고 싶어 하는 것이나 먹을 수 있는 것을 먹고 싶어 하는 만큼 주자.** 고열량의 새끼 고양이 사료를 먹여보는 것도 좋다.

스스로 먹지 못하는 상황이라면 **강제 급여**가 필요할 수도 있다. 물약을 먹일 때의 요령으로 유동식을 실린지에 넣고 하루에 여러 번 나누어 조금씩 강제 급여한다.

고양이의 기호에 따라 다르지만 페이스트 형태인 a/d캔(힐스)을 따뜻한 물로 개거나 고영양 파우더(로얄 캐닌), 튜브 다이어트(모리뉴선월드)를 물에 녹여서 줄 수 있다. 물론 평소에 고양이가 먹던 익숙한 건식 사료를 따뜻한 물이나 좋아하는 국물로 불리거나 습식 사료와 섞거나 다지기로 갈거나 체에 걸러도 상관없다.

만성 신장병의 액상 영양식으로는 리날케어(リーナルケア, 교리쓰제약), 튜브 다이어트 키드니(모리뉴선월드) 등이 있다. 고양이가 좋아한다면 튜브에 들어 있는 페이스트 형태의 고열량 영양 보조 식품(페로비타II, 뉴트리플러스겔 등)이나 페이스트 형태의 간식(CIAO 츄르) 등이 다양한 회사에서 나와 있다. 하지만 고양이가 먹지 않는다면 억지로 강제 급여할 수는 없다.

식욕은 있는데 병(가령 구강 내 종양이나 만성 구내염 등)으로 입을 통해 영양을 섭취할 수 없는 경우나, 일시적으로(수술 후 등) 식욕이 없어서 튜브로 유동식을 섭취하여 고양이의 전신 상태의 개선을 기대할 수 있는 경우에는 튜브를 이용한 **튜브 급여**라는 수단도 있다. 콧구멍에서 식도로 가느다란 카테터를 넣는 **코 위관**이나, 식도나 위로 직접 카테터를 넣는 **식도·위루(胃瘻) 튜브** 등이다. 어느 쪽이든 실린지를 사용해서 반려인이 유동식(수분이나 약도)을 직접 튜브로 주입한다. 다만 고양이의 상태에 따라서는 무리한 강제 급여나 튜브 급여, 영양·수분 보급은 오히려 고양이의 몸에 부담을 줄 수도 있으므로 담당 수의사와 충분히 상담한 후에 결정하자.

[표] 2종류의 튜브 급여

코 위관	· 단기간(며칠)만 사용한다. · 설치에 전신 마취는 불필요하지만 목칼라 등이 필요하다. · 튜브가 가늘므로 주입할 수 있는 것은 액상 유동식뿐이다.
식도·위루 튜브	· 장기간의 사용(특히 위루 튜브)이 가능하다. · 설치에는 전신 마취가 필요하다. · 튜브가 굵으므로 페이스트 형태의 유동식도 주입할 수 있으며 단기간에 고영양 급여가 가능하다.

③ 수분 보급(Hydration)

고양이가 충분히 수분을 섭취하고 있는가? 고양이가 스스로 물을 마시러 가지 않는다면 입 쪽으로 가져다주거나 실린지로 넣어서 조금씩 마시게 한다. 탈수 상태가 보인다면 동물병원에서 정맥 수액이나 피하 수액을 넣어서 수분 보충이나 전해질 균형 조정을 할 수도 있다.

피하 수액은 동물병원에서 설명을 들은 후 반려인이 집에서 할 수도 있다. 특히 시니어 고양이에게 많은 만성 신장 질환의 탈수 상태 완화에 효과적이다.

피하 수액은 등 피부를 엄지와 검지로 집어 올려서 **나비침**이라는 주삿바늘을 꽂아 피하에 수액을 넣는다. 다음 사항에 주의하면 문제없이 할 수 있을 것이다.

- 고양이가 편안한 상태에서 할 것
- 피하에 꽂는 침의 방향이나 각도에 주의하며 차분하고 확실히 끝까지 찌를 것
- 수액을 사람 체온 정도로([illegible]) 데울 것

피하에 고인 수액은 잠시 두면 흡수된다. 다만 탈수가 심하거나 심하게 쇠약한 상태일 때는 수의사의 지시를 따르도록 하자.

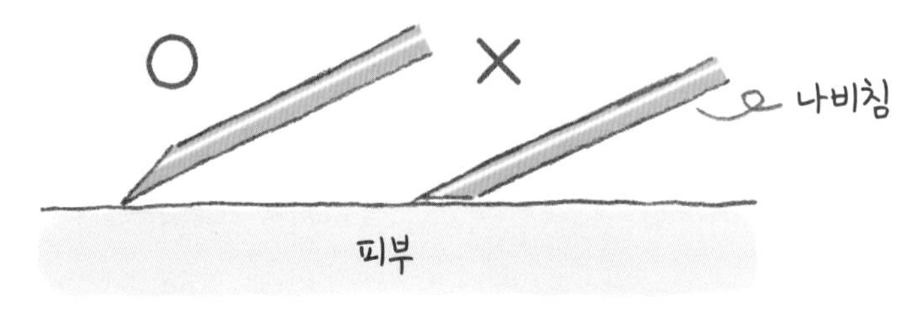

피부에 나비침을 꽂을 때의 방향. 끝이 아래에 가도록 한다.

④ **위생 상태**(Hygiene)

고양이가 스스로 화장실에 갈 수 있다면 4-7을 참고로 **화장실을 사용하기 쉬운 환경**을 마련한다. 상태에 따라서 화장실을 자는 곳에 가까이에 두거나 화장실 수를 늘려주자.

거의 움직이지 못하는 상태라면 따뜻하고 부드러운 보금자리를 마련해주고 그 위에 반려동물용 배변 패드 등을 깐 후 더러워지면 곧바로 갈아준다. 방수 타월, 빨 수 있는 반려동물용 시트나 사람 유아용 방수요 등을 사용하면 경제적이다. 자력으로 배뇨·배변할 수 없을 때는 손으로 복부를 압박하여 배설·배변을 촉진해야 하는 상황도 있으므로 동물병원의 지시를 받도록 하자.

입, 눈, 귀 등 얼굴 주변이나 엉덩이는 미지근한 물로 적신 거즈나 화장 솜으로 닦고 고양이가 좋아한다면 꼭 짠 따뜻한 수건으로 몸 전체를 부드럽게 닦아주자. 피부 종양 등에 의한 상처 처치도 수의사의 지

시를 받은 후 자택에서 한다.

또한 근육이 약해지지 않도록 마사지로 근육을 풀어주자. 고양이는 몸무게가 가벼우므로 욕창은 거의 생기지 않지만 그래도 스스로 자세를 바꾸지 못한다면 **하루에 여러 번 누워 있는 자세를 바꿔주자.**

⑤ 행복(Happy)

몸을 거의 움직이지 못하더라도 반려인과 눈을 맞추려 하거나 주변에서 일어나는 일에 흥미를 보이는가? 고양이의 잠자리는 가족의 시선이 닿는 곳에 두고 장난감을 보여주거나 말을 거는 등 **가족의 일원인 고양이가 외로워하지 않도록** 배려해주자.

⑥ 활동성(Mobility)

스스로, 혹은 사람의 도움을 받아 일어서거나 걸을 수 있는가? 가령 화장실에서 서 있는 것이 힘들어 보인다면 고양이의 허리를 손으로 받쳐주거나 걸을 때 수건을 배 아래로 통과시켜서 고양이의 몸을 약간 들어 올려주면 **걷는 것을 도와줄 수도 있다.**

⑦ 상태가 좋은 날이 나쁜 날보다 많다(More good days than bad)

하루 종일 기분이 좋지 않아 보이고 축 늘어져 있는 날이 있더라도 다음 날에는 조금 활기가 생겨서 몸 상태가 좋아 보이기도 한다. 그런 하루하루를 반복하면서 언젠가 상태가 좋지 않은 날이 좋은 날보다 많아질지도 모른다.

반려동물과 함께 영원한 잠에 들다

개나 고양이는 반려인의 가족·파트너로서 **가족화**되고 있다. 실제로 반려동물과 같은 침대에서 자거나 생일이나 크리스마스에 무언가를 선물하는 분도 많지 않을까?

최근에는 가족과 마찬가지로 사랑하는 반려동물과 '죽은 후에도 함께 있고 싶다.'라는 생각에 "같은 묘에 넣어달라."라고 희망하는 사람도 늘었다. 예전에는 '반려동물과 함께 묘에 들어가는 것은 터부시'되었기에 반려동물의 유골을 자신이 나중에 들어갈 묘에 몰래 매장하거나 자신이 죽을 때 관 속에 넣어달라고 부탁하는 사람도 있었다고 한다. 2003년, 이런 사람들의 요구에 부응하기 위해 일본에서 처음으로 **반려동물과 함께 잠들 수 있는 묘**가 생겼다. 그 후 그 수는 착실히 늘었고 현재에는 전국에 250곳 이상, '반려동물 가능' 공원 묘지가 있다.

그렇지만 종교적 가치관의 차이나 동물에 대한 감정의 차이, 또 특별한 허가가 필요한 곳도 있어서 이 바람을 받아들여주는 묘지는 아직 한정적이다. 참고로 반대 의견이 많았던 독일에서도 2015년에 처음으로 사람과 반려동물이 함께 들어갈 수 있는 묘가 두 곳 생겼고, 그 후로 급증하고 있다.

약 1만 년 전의 유적에서 고양이와 사람(키프로스 섬), 개와 사람(당시의 유럽과 북아프리카)이 함께 매장되어 있는 것이 발견되었다. 이러한 역사를 돌아보면 **반려동물과 함께 영원히 잠들고 싶어 하는 마음이 꼭 이상한 것만은 아닐지도 모른다.** 반려동물이 소중한 가족의 일원이라는 사실을 반영하듯, 반려동물과 함께 잠들 수 있는 묘는 앞으로도 전 세계적으로 늘어날 것이다.

제 6 장

이별의 시간

고양이가 마지막 순간을 맞이할 때
~ 반려인이 해줄 수 있는 것은 무엇인가?

가족의 일원으로서 오랫동안 즐거운 시간을 함께 보내온 고양이와도 **헤어지는 날**이 언젠가는 반드시 찾아온다. 병의 치료 등 가능한 한 모든 것을 한 후에 찾아오는 마지막 순간을 맞이하여 뼈밖에 안 남은 사랑하는 고양이가 쇠약해지는 모습을 보는 것은 힘들기 마련이다. 마지막을 함께하는 것은 정신적으로 엄청난 부담을 줄 수밖에 없다. 고양이는 오랫동안 살아온 익숙한 집의 가장 좋아하는 잠자리에서 사랑하는 가족과 친구들에게 둘러싸여 있는 것을 바랄 것이다.

예부터 "고양이는 죽을 때가 가까워지면 자취를 감추고 조용한 곳에서 홀로 죽어간다."라는 말이 있다. 몸 상태가 나쁘기에 적으로부터 몸을 지키기 위해 조용한 장소에서 꼼짝 않고 웅크리고 체력 회복을 기다리는 동안 남몰래 숨이 끊어지고 마는 고양이가 많기 때문이리라.

그 밖에도 "고양이에게는 죽음이라는 개념이 없어서 몸 상태가 나빠서 괴로운 상태를 '적의 위협'이라고 간주하고 그 위험으로부터 자신을 숨긴다.", "사람에게 죽는 모습을 보이고 싶어 하지 않는다.", "집고양이도 마지막에는 쿠션 위가 아니라 차가운 바닥 위에서 죽기를 바란다." 등 그 이유도 여러 가지로 추측되고 있다.

어쨌든 집 안에서만 생활하는 고양이가 늘고 있는 지금, **오랫동안 함께 살아온 고양이의 마지막을 지켜보는 것이 가능한 것은 반려인에게도 고양이에게도 행복한 일**이라 할 수 있다.

병이 악화하는 경우, 이렇다 할 질환은 없고 노묘의 몸이 서서히 자연의 삶을 끝내려 하는 경우 등 마지막 순간을 맞이하는 모습은 고양이마다 다르다. 몇 시간 걸릴지, 며칠이 걸릴지는 아무도 모른다.

🐾 마지막 순간을 맞이하는 고양이에게 일어나는 일

마지막 순간을 맞이할 때가 다가오면 비쩍 마른 고양이의 몸은 밥이나 물을 서서히 받아들이지 않게 된다. 가만히 자는 시간이 늘고 몸의 모든 장기의 작용이 서서히 저하된다. 체온도 내려가므로 발바닥 볼록살도 차갑게 느껴질 것이다.

부드럽고 따뜻한 잠자리를 마련해줘도 비틀비틀 몸을 끌면서 차가운 장소, 혹은 화장실, 욕실 등 평소에 가지 않는 장소로 이동하려 할지도 모른다.

반려인은 **고양이가 안심할 수 있도록 가능한 한 시선이 닿는 곳에 있으면서 곁에서 그저 지켜보면서 고양이가 하고 싶은 대로 하도록 놔두자.**

그러다 일어날 수도 없게 되고 완전히 누워만 있는 상태가 될 것이다. 점차 의식도 희미해지고 주변에 일어나는 일이나 반려인의 목소리에도 반응하지 않게 될지도 모른다. 경련 발작을 일으킬 수도 있다.

마지막 신호는 호흡이 느려지고 불규칙해지는 것이다. 괴로운 듯 입으로 호흡하거나 몇 번인가 큰 한숨을 쉬듯 깊은 호흡을 하면서 마지막을 맞이할 것이다.

사랑하는 가족이 지켜보는 가운데 그 품 안에서 잠들듯 마지막 순간을 맞이할 수 있는 고양이는 행복하겠지만, 개중에는 마치 계획이라도 한 듯 반려인이 잠깐 그 자리를 떠난 순간, 잠깐 꾸벅꾸벅 조는 순간에 여행을 떠나버리는 고양이도 있으리라. 그렇다 해도 절대 자신을 탓하지 말자. 그것은 고양이가 그 모습을 반려인에게 보이고 싶지 않았기 때문인지도 모른다. 반려인이 그 순간을 보면 무척 슬퍼할 테니 말이다.

반려인에게 마지막까지 사랑받고 가능한 모든 것을 받았다는 사실은 고양이가 가장 잘 알고 있다.

8-2 고양이의 안락사란 무엇인가?
~ 안락사를 올바르게 이해한 후 가족 모두와 결정한다

회복할 기미가 전혀 없고 고통을 제거·완화하는 것도 한계에 달해서 그저 '마지막 순간을 기다릴 뿐'인 경우에는 **안락사**라는 선택지도 있다.

가령 악성 종양이나 신부전 말기에 호흡 곤란이나 경련 발작을 반복적으로 일으키는 상태라면 수의사가 안락사를 거론할지도 모른다. '하루라도 1초라도 오래 함께 있고 싶다.'라는 마음과 '고통에서 빨리 해방시켜주고 싶다.'라는 마음 사이에서 갈등에 시달릴지도 모른다. 바로 결정할 필요는 없다.

안락사에 대한 견해는 국가나 종교는 물론, 개인의 윤리적인 관점에 따라서도 달라진다. 그 나라 사람에 대한 의료 제도도 반영될 것이다. 가령 사람의 안락사가 합법화된 나라도 있는 유럽에서는 반려동물의 안락사를 '비인도적'이라고는 받아들이지 않으며 고통이나 통증으로 괴로워하면서 몸이 서서히 활동을 멈추는 과정을 조금이라도 단축하는 **'편안한 죽음'**이라고 받아들이므로 일본에 비해 안락사가 선택되는 경우가 많다고 생각한다.

안락사를 실제로 시키느냐 마느냐를 떠나서, 나중에 후회하지 않기 위해서라도 안락사에 대해 **올바르게 이해해두는 것이 중요**하다. 안락사의 수단은 동물병원에 따라서도 다소 차이가 있으므로 그 수단이나 집으로 왕진이 가능한가 등 불안하게 생각하는 점이 있다면 확실히 설명을 들어두자.

🐾 고양이의 '의사'를 존중하여 반려인이 판단한다

보통은 수의사가 진정 효과가 있는 마취약을 주사하고 고양이는 반려인의 품 안에서 잠든다. 고양이가 잠들었을 때 두 번째 주사(치사량의 마취약을 정맥 주사)를 놓으면 고양이의 호흡이 멈추고 심장이 멈춘다.

두 번째 주사를 놓을 때는 고양이가 잠들어 있으므로 주사를 맞는다는 것도 알지 못하고 고통을 동반하지도 않고 조용히 영원한 잠에 빠진다.

이때만큼은 반려인이 바란다면(가능하다면), 담당 수의사에게 집으로 왕진을 와달라고 부탁해도 좋으리라. 익숙한 집에서 가족 모두가 떠나보낼 수 있기 때문이다.

안락사는 "돌봐줄 수 없다.", "병에 걸린 고양이의 고통스러운 모습을 보고 싶지 않다." 등 결코 사람의 사정이 아니라 고양이의 삶의 질을 기준으로 판단해야 한다. **5-6**에서 '집에서 하는 완화 치료'의 7개 항목을 소개했는데, 그 대부분이 충족되지 못하는 상태, 다시 말하면 고양이가 그 고양이답게 살아갈 수 없게 된 때가 '안락사를 고려할 수 있는 상태'라고 생각해도 좋을 것이다.

하지만 머리로는 알아도 '그때'를 결정하기란 쉬운 일이 아니다. 가장 중요한 것은 '고양이의 마음의 소리'에 귀를 기울이는 것이리라. **고양이와 마음이 통하는 반려인만큼은 고양이가 살고자 하는 '눈빛'이 사라지는 순간을 느낄 수 있을 터**이다.

최종적으로는 고양이의 '의사'를 존중해 가족 모두가 상의한 후에 고양이를 가장 잘 아는 반려인이 하는 선택이 고양이에게도 가장 좋은 선택인 것이다. '자연의 죽음'을 맞이하게 하든 안락사를 선택하든 가장 중요한 것은 마지막까지 고양이 곁을 지켜주는 것이다. 그리고 **"정말 애썼어."**라고 고양이를 칭찬해주자.

6-3 펫로스의 슬픔과 어떻게 마주할까?
~ 반려인의 마음속에 영원히 살아 있다

소중한 가족인 고양이를 직접 간호했든 아니든 간에, 고양이를 떠나보냈을 때는 상실감이 덮쳐 와 얼마간 아무것도 할 기운이 나지 않을지도 모른다.

고양이가 떠난 후에야 그 자그마한 고양이가 얼마나 큰 존재였는지 비로소 깨닫는다. 고양이에 대한 마음은 사람마다 다르다. **따라서 고양이와 사람이 맺어온 관계는 세상에 오직 하나뿐이다.**

가장 사랑하는 반려동물의 상실〔펫로스(Pet Loss)〕에 의한 슬픔을 느끼는 방식도 저마다 다르다. 고양이와의 마음의 유대가 강하면 강할수록 깊은 슬픔에서 좀처럼 헤어나지 못하기도 한다. 너무 슬퍼서 아무것도 손에 잡히지 않거나 잠들지 못하기도 할 것이다. 누군가에게 화를 내거나 '그때 이렇게 했다면…….' 등의 후회의 마음이 일어 자신을 탓하기도 할 것이다.

하지만 생명이 다하는 것은 누군가의 탓이 아니며 생명이 다하는 날은 (고양이뿐 아니라) 누구에게라도 반드시 찾아온다.

소중한 가족의 일원이 사라지면 슬픈 것은 당연하다. 울고 싶을 때는 펑펑 울고, 고양이의 죽음을 받아들이고 자기 나름대로 고양이와 제대로 이별하는 것이 중요하다고 생각한다.

사진이나 추억의 물건을 보는 게 괴롭다면 당분간은 그것을 안 보이는 곳에 넣어두어도 좋다. **당신이 고양이와 함께 보낸 즐겁고 행복한 추억은 당신의 마음속에 또렷이 새겨져 있다.**

이해하지 못하는 사람이 있어도 신경 쓸 필요는 없다. 고양이와의 추억을 공유하는 가족이나 친구와 추억을 서로 이야기하는 것도 좋으리

라. 혹은 인터넷의 펫로스 게시판에 사랑하는 고양이에 대한 마음을 써보거나, 반려동물을 떠나보낸 사람들 사이에서 언제부턴가 회자되는 「무지개다리」*라는 시를 읽으면 조금은 마음이 편해질지도 모른다.

하루하루 지나갈 때마다 슬픔이나 후회는 옅어지고 **마음에 뻥 뚫린 구멍은 사랑하는 고양이와의 즐거웠던 수많은 추억이 채울 터**이다. 많은 사진 속에서 가장 마음에 드는 사진을 골라 사랑하는 고양이의 사진을 향해 "지금까지 고마웠어."라고 말하는, 편안하고 평온한 마음이 되는 날이 반드시 찾아온다. 그때는 당신의 최고의 미소를 보여주자. 고양이도 그것을 바랄 터이다.

여행을 떠난 반려동물들은 '무지개다리' 곁에서 즐겁게 놀면서 반려인이 오기를 기다린다고 했던가…….

* 〈역자 주〉 원제는 「Crossing the Rainbow Bridge」이다. 인터넷에서 이 제목으로 검색하면 시의 전문을 볼 수 있다.

반려인의 마음가짐

~ 반려동물은 혼자서는 살 수는 없다

반려인의 사정으로 고양이와 헤어져야 할 때도 있다. 반려인의 나이나 생활 방식뿐 아니라 사람에게는 무슨 일이 일어날지 알 수가 없다.

책임을 지고 평생 함께 살 생각이라도 예기치 못한 여러 가지 사정으로 울며불며 고양이를 떠나보내야 하는 상황이 찾아올 수도 있다.

만약의 경우를 대비해 정보를 모아 준비해두는 게 좋다.

고양이뿐 아니라 반려동물을 들일 때는 자신이 없을 때 단기로 반려동물을 돌봐줄 사람, 그리고 만일의 경우 반려동물을 거두어줄 사람이 있는지 생각해두자. 그것이 '**마지막까지 책임지고 반려동물과 사는 것**'이다.

집을 비울 때를 대비해 고양이를 좋아하는 가족이나 친구, 혹은 이웃에 서로 고양이를 돌봐줄 '고양이 친구'가 있으면 이상적이다.

여의치 않다면 '펫시터(Pet Sitter)'나 '펫호텔(Pet Hotel)'이라는 선택지도 있다. (급한 경우에 대비해) 미리 펫시터를 만나 이야기를 들어보거나 펫호텔을 직접 찾아가 안심하고 맡길 수 있는지 확인해두어야 한다.

🐾 고양이를 여러 마리 키우는 사람은 특히 더 철저히 준비해야 한다

혼자 사는 고령의 반려인에게 반려동물은 마음을 지탱해주는 큰 기둥이자 활력을 주는 둘도 없는 존재다. 하지만 반려인 자신이 병에 걸리거나 여러 사정으로 반려동물을 돌볼 수 없는 상태가 될 수도 있다.

특히 그 수가 많으면 많을수록 주변 사람이 곤란해진다. 고양이가 가엽다는 이유로 닥치는 대로 구조해서 거두다가 수가 늘어서 결국 자신의 생활도 유지할 수 없는 지경에 이르거나, 고양이를 너무도 사랑한 나머지 주변 사람과의 커뮤니케이션에 소홀하거나, 정작 자기 몸을 돌보지 않는다면 무슨 의미가 있으랴. **반려인이 건강해야 비로소 반려동물도 돌볼 수 있는 법이기 때문**이다.

자신이 양로원에 들어갈 가능성도 잊지 말자

고양이를 맡길 지인이 도저히 아무도 없다면 유료로 반려동물을 평생 맡아주는 시설(일부 동물 보호 단체나 '고양이 양로원')도 고려할 수 있다.

시설의 정보를 미리 수집하여 정말로 반려동물을 마지막까지 제대로 보살펴주는 신뢰할 수 있는 시설인지, 어떤 설비가 있는지 등을 확인해두자.

반려인 자신이 나이를 먹어서 자신이 양로원에 들어가는 일도 있으리라. 오래 함께 살아온 반려동물과 헤어지게 된다면 그거야말로 서운해서 살아갈 기력도 잃게 될지 모른다. 그런 문제를 해결하기 위해서 최근에는 **반려동물과 함께 살 수 있는 양로원**도 각지에 생기고 있다.

또한, 사람의 고령화가 진행됨에 따라 반려인이 병에 걸리거나 사망하여 반려동물을 돌봐줄 수 없는 경우를 대비하여 위탁한 재산으로 반려동물을 돌봐주는 **반려동물 신탁**이라는 신탁 서비스도 있다.

이와 같은 것들에 대한 관심도나 욕구가 커지는 배경에는 반려인과 반려동물 쌍방의 고령화가 있다고 할 수 있다.

다른 동거묘의 슬픔도 다독이자
~ 슬픔의 그늘에 숨은 건강상의 문제에 주의

최근에는 고양이를 두 마리 이상 키우는 사람이 늘었다. 친한 고양이가 서로 그루밍을 해주거나 꼭 붙어서 자는 모습을 보면 절로 마음이 부드러워진다.

하지만 고양이를 두 마리 키우면 **어느 한쪽이 반드시 먼저 떠나는 법이다.**

고양이가 '죽음의 개념'을 어떻게 이해하는지는 모르지만, 고양이도 가족이 없어졌다는 상실감은 느끼지 않을까?

특히 환경 변화에 대한 적응력이 약해지는 시니어 고양이는 친했던 고양이가 없어진 후 정신적으로 불안해지거나 행동이 변화하는 경우가 잦다. 가령 전에 없이 잘 울거나 식욕이 떨어지거나 놀지 않게 되거나 하는 등이다.

역시 함께 먹는 밥이 더 맛있고, 밥을 빼앗길 걱정이 없어지면 먹고자 하는 의욕이 떨어지는지도 모른다. 물론 고양이가 반려인의 표정이나 기분 변화를 민감하게 느끼고는 그것이 행동 변화로 이어지는 경우도 있으리라.

개중에는 명백히 슬픈 모습으로 고개를 숙이며 친하게 지내던 고양이가 좋아하던 장소에서 **마치 그 모습을 떠올리며 슬퍼하는 듯한 모습을 보이는 고양이**도 있다.

고양이끼리의 관계에 따라서는 지금껏 기죽어 살던 고양이가 자신이 사용할 수 있는 공간이 넓어진 듯 당당한 태도를 보이며 '이제 내 세상이다.'라고 말하듯 반려인에게 어리광 부리기 시작하는 고양이도 있다.

🐾 같이 살던 고양이가 죽었다는 사실을 다른 고양이에게 숨기지 않는다

고양이들끼리의 관계가 어떠했든 간에 같이 살던 고양이에게도 죽은 고양이의 모습을 보여주고 냄새를 맡게 하고 **무슨 일이 일어났는지 받아들일 시간**을 만들어주자. 고양이끼리 사이가 좋았다면 더더욱 필요하다. 일견 무관심한 태도를 보이거나 평소와는 다른 냄새가 나서 위협할 수도 있지만, 고양이 나름대로 무언가를 느꼈을 터이다. 슬픔의 과정은 같이 살던 고양이가 없어진 시간부터 시작된다.

죽은 고양이의 모습을 보고 "그 고양이가 이제 돌아오지 않는다."라는 사실을 이해하면 슬픔의 과정도 짧아질 것이다. 언제나 함께 있던 사이좋은 고양이가 갑자기 이유도 모른 채 없어져서 돌아오는지 아닌지조차 알지 못하는 상태에서는 고양이의 불안한 마음은 커지기만 할 뿐이다.

반려인은 평소와 같은 시간에 평소보다 조금 고급스러운 음식을 주면서 가능한 한 생활 리듬을 바꾸지 않도록 지켜봐주자. 고양이와 놀거나 스킨십하는 시간을 많이 갖는 것은 **남겨진 고양이뿐 아니라 반려인 자신에게도 위로가 될 터**이다.

슬픔의 과정이나 그것에 걸리는 시간은 개묘차가 있지만 남겨진 고양이가 일주일 이상 명백히 기운이 없는 상태가 이어진다면 단순히 슬퍼하는 것이 아니라 건강상 문제가 있을 가능성도 있다. 그 경우에는 수의사와 상담해보자.

🐾 고양이끼리의 상성은 사람 마음대로 할 수 있는 것이 아니다

오랫동안 함께 살아온 친한 고양이를 잃고 기력이 없어진 고양이의 모습을 보면 '새 고양이를 들이는 게 좋으려나?' 하고 고민할 수도 있다.

하지만 '일단 대신할 고양이를 데려오면 되는 것'은 아니다. 남겨진 고양이의 나이, 활동성, 건강 상태, 성격을 고려하여 **시간을 들여 신중하게**

결정해야 한다.

일반적으로는 남겨진 선주(先住) 고양이의 나이가 많으면 많을수록 새 고양이를 쉽게 받아들일 가능성은 적다. 하루 대부분을 조용한 곳에서 자면서 보내는 일이 많은 시니어 고양이 곁에 활발한 새끼 고양이나 젊은 고양이를 데려오면 새 고양이가 계속 엉겨 붙거나 쫓아다녀서 시니어 고양이는 짜증을 내며 도망 다니기 일쑤이거나 놀이에 응하더라도 금세 지쳐서 큰 스트레스를 받는다.

혹은 새로 들어온 고양이가 어디 있는지 끊임없이 신경 쓰고 위협하거나 공격할 수도 있다. **시니어 고양이가 스트레스받지 않고 평화로운 노후를 보낼 수가 없다.**

반려인도 새로 들어온 고양이(특히 새끼 고양이라면)를 돌봐줘야 할 시간이 길어지고, 선주 고양이는 자신의 보금자리를 양보하고 불안한 마음으로 구석에 틀어박혀 하루를 보내게 될지도 모른다.

하지만 나이가 들어서도 활동적인 고양이도 있다. 시니어 고양이가 새로 들어온 새끼 고양이를 귀여워하며 기력을 회복한 경우나, 마찬가지 처지인(같이 살던 고양이가 죽은 보호 고양이) 시니어 고양이를 맞이해서 무척 사이가 좋아진 경우도 실제로 있다.

"이러는 게 좋다."라는 규칙은 없지만 남겨진 고양이의 건강 상태가 좋지 않거나 나이를 먹고 거의 하루 종일 잠을 자는 노묘라면 새로 고양이 들이는 것은 추천하지 않는다.

만약 새 고양이를 들이는 것을 생각하고 있다면 새끼 고양이 때부터 주변에 언제나 고양이가 있는 환경에서 자라 다른 고양이와 잘 지내는 사회성이 있거나, 사람도 잘 따르고 현재 있는 고양이와 활동성이나 성격이 비슷한 고양이를 고르면 친하게 지낼 확률이 높아진다.

새끼 고양이에 비해 성묘라면 어느 정도 성격이 결정되어 있으므로 성격을 파악하기 쉽다. 반려인이 고양이와 만나보고 고양이의 성격을 미리 파악할 수 있거나, 고양이끼리 맞는지 보기 위해 입양하기 전에 시범 기간을 마련하는 보호 단체에서 보호 고양이를 맞이하는 것도 하나의 방법이리라.

시니어 고양이가 있지만 어쩔 수 없이 새끼 고양이를 들여야만 하는 상황이라면 새끼 고양이 두 마리를 함께 들이자. 그러면 시니어 고양이의 부담이 조금은 가벼워진다. 하지만 고양이끼리의 상성은 예상할 수 없는 부분도 많으므로 새 고양이를 들일 때는 충분히 시간을 들이도록 하자.

🐾 상황을 파악할 시간을 주자

성공 포인트는 갑자기 대면시키지 말고 신입 고양이에게는 선주 고양이가 별로 드나들지 않는 방(혹은 큰 이동장)에 화장실, 잠자리 등 필요한 것을 모두 마련해주고 **우선 집이나 가족에게 익숙해져서 편안해지는 시간을 만들어주어야** 한다. 고양이끼리 '서로의 존재나 냄새는 알지만 대면시키지는 않는' 기간(며칠에서 일주일)을 마련하기 위해서다.

그 후 식사나 노는 시간 등으로 두 마리가 얼굴을 마주하는 시간을 매일 만들어 고양이의 모습을 보면서 (위협하지 않는다면) 그 시간을 서서히 늘린다.

이때 **언제나 선주 고양이를 우선시하는 것이 중요**하다. 도저히 서로 맞지 않는다면 새 고양이를 포기하거나 두 마리를 일단 다른 방에 따로 격리하여 끈질기게 시간을 들여 익숙해지게 만드는 등의 대책이 필요하다.

6-6

새 고양이를 맞이하자
~ 당신의 손길을 통해 행복해지는 고양이가 또 한 마리 는다

사랑하는 고양이를 잃었을 때는 '다시는 이런 슬픈 경험을 하고 싶지 않아.', '이 정도로 사랑하는 고양이와 두 번 다시 만날 수 없을 거야.'라는 마음이 들지도 모른다. 하지만 고양이와의 삶이 얼마나 멋진지 알게 되었으니 다시 한번 고양이와 함께하는 삶을 생각해보는 것은 어떨까? 물론 천천히 시간을 들여서 가족 모두가 상의한 끝에 결정하는 것이 중요하다.

동물 보호 센터나 동물 보호 단체 등에서 각지에서 개최하는 '입양 모임' 혹은 '집사 모집' 사이트나 가까운 동물병원의 '집사 모집' 포스터 등을 통해 새로운 가족을 필요로 하는 고양이를 꼭 맞이해주었으면 한다. 고양이와의 만남은 인연이 작용하기도 하므로 어쩌면 내가 찾지 않더라도 **보이지 않는 힘이 끌어당기는 것처럼 고양이가 찾아와 줄지도** 모르지만…….

개중에는 죽은 고양이와 외모가 비슷한 고양이를 찾는 사람도 있다. 하지만 겉모습이 닮았다고 해서 성격도 비슷한 것은 아니다. 아무래도 겉모습이 비슷하면 반려인은 무의식적으로 죽은 고양이와의 공통점을 찾기 마련이라, 기대에 어긋날 수도 있다. 그러니 이번에는 전혀 다르게 생긴 고양이를 키워보는 것도 좋지 않을까?

새 고양이를 맞이하더라도 죽은 고양이에 대한 애정이 없어지거나 죽은 고양이를 배신하는 것이 아니다. 오히려 **죽은 고양이는 다음 고양이가 반려인의 슬픔을 위로해주기를 바라지 않을까?**

다양한 사정으로 새 고양이를 맞이하는 것은 불가능하더라도 '고양이를 위해 무언가를 해주고 싶다.'라고 생각하는 분은 주인 없는 고양이와 사람의 행복한 공존을 꿈꾸는 '지역 고양이 활동'에 참가해보는 것도 멋지다고 본다. 이러한 활동에서는 고양이를 포획하여 중성화 수술을 시키거나, 지역 주민이 먹이를 주거나 분뇨 등을 치우거나, 경우에 따라서는 보호 고양이(새끼 고양이나 사람 손을 탄 고양이)의 '집사 찾아주기' 등의 활동을 하기도 한다.

자신이 할 수 있는 것부터 무리하지 말고 시작하면 좋을 것이다.

지금까지 고양이에게 배운 수많은 귀중한 경험(좋은 것이든 나쁜 것이든)을 다음 고양이와의 삶과 자원봉사 활동으로 꼭 활용하면 좋겠다. 그럼으로써 **죽은 고양이의 존재도 언제나 가까이 느껴지는 것**은 아닐까.

새 고양이를 맞이하자

다음 고양이가 반려인의 슬픔을 위로해주는 것을
죽은 고양이도 바랄 것이다.

'오, 새 고양이다냥. 꽤 괜찮은 집사였으니 너도 사랑 많이 받으라옹. 언제나 지켜볼 거다냥.'

순환식 급수기 내 손으로 만들기

신선한 물을 마실 수 있도록 개·고양이용으로 다양한 종류의 **순환식 급수기**가 시중에 판매되고 있다. 특히 물을 별로 마시지 않는 고양이에게는 (개묘차도 있지만) 흐르는 물을 재미있어해서 마시는 양이 느는 장점도 있다. 다만 순환식 급수기는 '씻기가 힘들다'. 신선한 물을 주려고 모처럼 마련했는데 관리를 게을리해서 그것이 세균의 온상이 된다면 의미가 없다.

① 소형 수중 펌프(어항·물 순환용). 1,000엔 전후. 조정 레버로 수량을 증감할 수 있는 펌프라면 편리하다.
② 소형 수중 펌프의 뿜어 나오는 구멍에 맞는 7cm 정도의 어항 호스. 구입은 1m 단위이지만, 바꿔 끼울 여분이 있으면 안심이다. 300엔 전후.
③ 바닥에 구멍이 뚫린 작은 토기 화분. 높이 10cm 정도가 200엔 전후.
④ 깊이가 있는 도기 그릇이나 볼, 뚝배기 등. 집에서 안 쓰는 식기라도 상관없다.
⑤ 아쿠아리움용 자갈(준비할 수 있는 경우). 화분을 고정하는 역할과 인테리어로서 보기 좋은 역할을 한다. 고양이가 잘못해서 먹지 않도록 큼직한 돌로 한다(사진의 100엔 짜리 동전은 크기 참고용).

독일에서는 순환식 급수기를 직접 만드는 반려인이 늘고 있다. 씻기 편하고 비용도 그다지 들지 않으며 의외로 간단히 만들 수 있다. 준비할 것은 왼쪽 페이지의 사진에 나온 다섯 개로, 만드는 방법은 다음과 같다.

도기 그릇 중앙에 어항 호스를 붙인 소형 수중 펌프를 설치한다.

소형 수중 펌프 위에 작은 화분을 뒤집어 놓고 바닥 구멍에서 어항 호스 끝부분이 나오게 한다.

화분 바깥의 도기 그릇 바닥에 자갈을 깐다.

물을 넣고 펌프를 작동시킨다.

고양이가 물을 마시면 성공!

주요 참고 문헌

Fortney William D, *Geriatrics: Veterinary Clinics of North America: Small Animal Practice Volume 42*, Issue 4, Elsevier Saunders, 2012.

Rand Jacquie, *Praxishandbuch Katzenkrankheiten: Symptombasierte Diagnostik und Therapie*, Urban & Fischer Verlag/Elsevier GmbH, 2009.

Schroll Sabine, *Lauter reizende ... alte Katzen!: Krankheiten*, Verhalten und Pflege, Books on Demand, 2014.

Streicher Michael, *Notfaelle bei Katzen: Erkennen Helfen Leben retten*, Antheon E.K., 2013.

Villalobos Alice, Kaplan Laurie, *Canine and Feline Geriatric Oncology: Honoring the Human-Animal Bond*, Blackwell Publishing, 2007.

주요 참고 논문, 인용 논문

Bellows J, Center S, Daristotle L, et al. Evaluating aging in cats: How to determine what is healthy and what is disease., *J Feline Med Surg 2016*, 18:551-70.

Bellows J, Center S, Daristotle L, et al. Aging in cats: Common physical and functional changes., *J Feline Med Surg 2016*, 18:533-50.

Bloom CA, Rand J. Feline diabetes mellitus: clinical use of long-acting glargine and detemir., *J Feline Med Surg 2014*, 16:205-15.

Brooks D, Churchill J, Fein K, et al. AAHA weight management guidelines for dogs and cats., *J Am Anim Hosp Assoc 2014*, 50:1-11.

Carney HC, Ward CR, Bailey SJ, et al. AAFP Guidelines for the Management of Feline Hyperthyroidism., *J Feline Med Surg 2016*, 18:400-416.

Reppas G, Foster SF. Practical urinalysis in the cat 1: Urine macroscopic examination 'tips and traps'., *J Feline Med Surg 2016*, 18:190-202.

Sparkes AH, Caney S, Chalhoub S, et al. ISFM Consensus Guidelines on the Diagnosis and Management of Feline Chronic Kidney Disease., *J Feline Med Surg 2016*, 18:219-39.

Taylor SS, Sparkes AH, Briscoe K, et al. ISFM Consensus Guidelines on the Diagnosis and Management of Hypertension in Cats., *J Feline Med Surg 2017*, 19:288-303.

Tobias G, Tobias TA, Abood SK. Estimating age in dogs and cats using ocular lens examination., *Compend Contin Educ Vet 2000*, 22:1085-91.

Zoran DL. Feline obesity: clinical recognition and management., *Compend Contin Educ Vet 2009*, 31:284-93.

색 인

나이 들어도 내겐 영원히 아깽이

1판 1쇄 인쇄 2019년 5월 30일
1판 1쇄 발행 2019년 6월 10일

지은이 이키 다즈코
옮긴이 박제이
펴낸이 이종호
편 집 김미숙
디자인 씨오디
발행처 청미출판사
출판등록 2015년 2월 2일 제2015-000040호
주 소 서울시 마포구 토정로 158, 103-1403
전 화 02-379-0377
팩 스 0505-300-0377
전자우편 cheongmipub@daum.net
블로그 blog.naver.com/cheongmipub
페이스북 www.facebook.com/cheongmipub
인스타그램 www.instagram.com/cheongmipublishing

ISBN 979-11-89134-07-5 03490

이 도서의 국립중앙도서관 출판예정도서목록(CIP)은 서지정보유통지원시스템 홈페이지(http ://seoji.nl.go.kr)와 국가자료공동목록시스템(http ://www.nl.go.kr/kolisnet)에서 이용하실 수 있습니다.(CIP제어번호 : CIP2019020384)
* 책값은 뒤표지에 있습니다.